アラフォーからのロードバイク

初心者以上マニア未満の〈マル秘〉自転車講座

野澤伸吾

ワイズロ

書 224

ロードバイクのフレーム各部と部品の名称

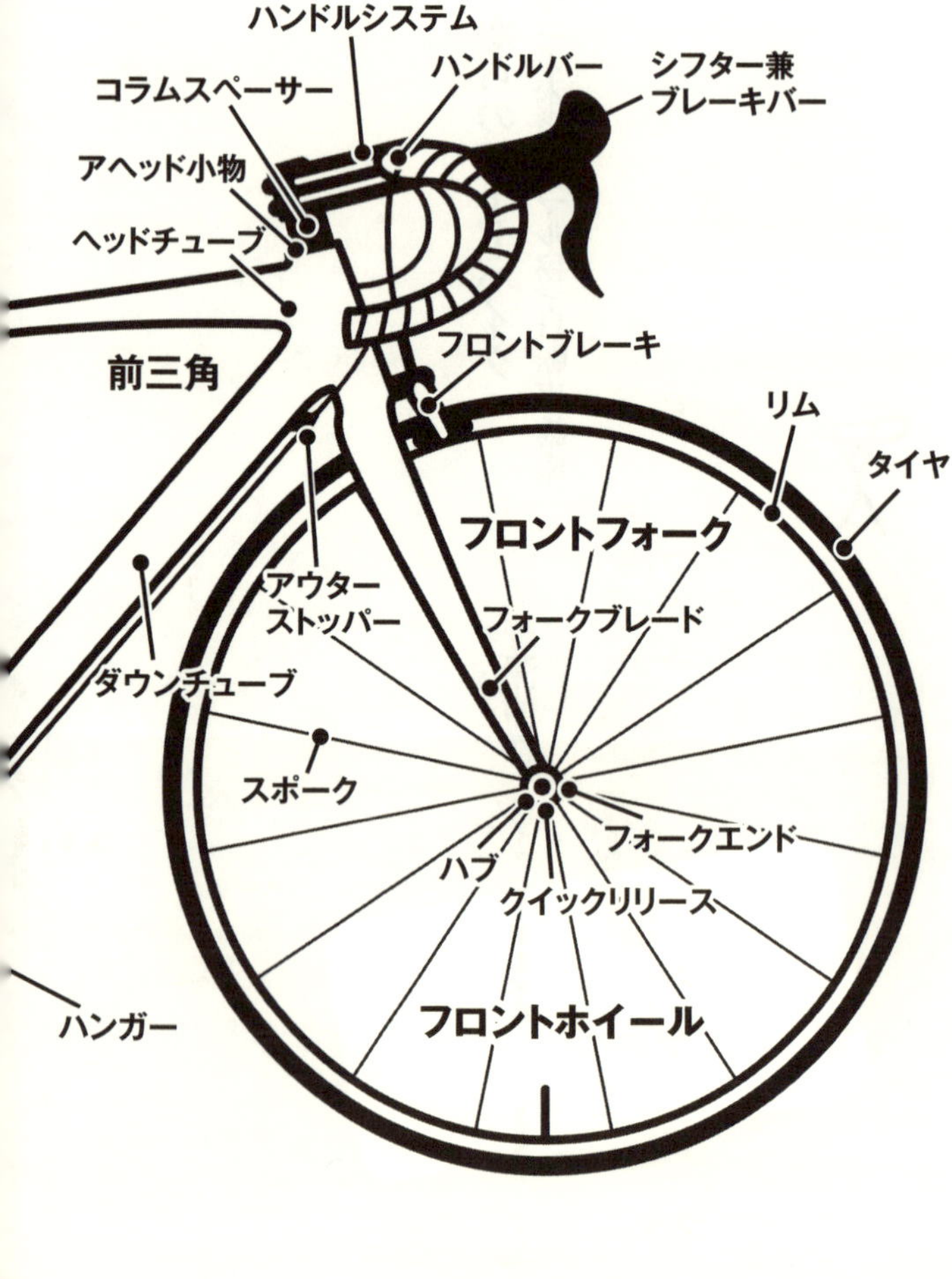

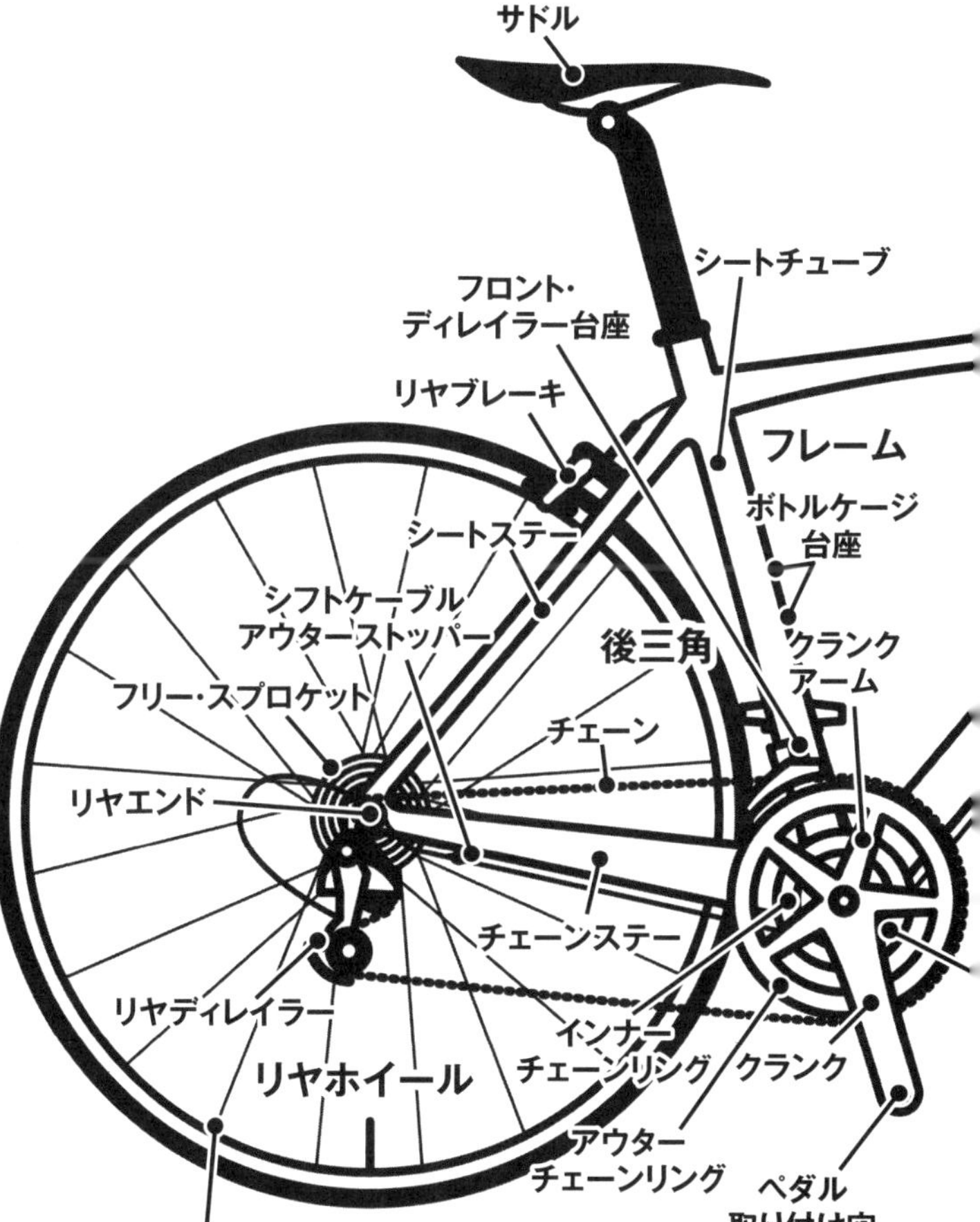
サドル
シートチューブ
フロント・
ディレイラー台座
リヤブレーキ
フレーム
ボトルケージ
台座
シートステー
シフトケーブル
アウターストッパー
後三角
クランク
アーム
フリー・スプロケット
チェーン
リヤエンド
チェーンステー
リヤディレイラー
インナー
チェーンリング
クランク
リヤホイール
アウター
チェーンリング
ペダル
取り付け穴
スポークニックル

はじめに

突然ですが私、自転車屋です。埼玉県志木市にある「ワイズロード志木店」というスポーツバイク専門店に勤めています。

「スポーツバイク」とは、読んで字のごとく、スポーツをするための自転車。ママチャリのように単なる移動手段として乗るものではありません。

ワイズロードは志木店以外にも28店舗あり、日本最大級のスポーツバイク専門店です。150人ほどいる社員には、自転車競技の元日本代表やスペインの国際チームで活躍したカリスマ店長がいたり、プロチームに帯同するほどの凄腕メカニシャンがいたりします。

私は、というと、スポーツバイクとはまったく畑違いの建築業界からの転職組。しかも8年ほど前に45歳で異業種転職しました。

そうはいっても、子どものころからスポーツバイクには縁がありました。私が中学生のころ、『サイクルメイト吉田』という自転車屋に通っていたのです。それがいまのワイズロード志木店で、そのときの縁で当時の社長に雇ってもらったわけです。

それまでは建築関係の現場施工会社を経営していました。長引く不況で廃業せざるを得なくなった私は、ワイズロード志木店に拾ってもらったわけです。

カリスマ店長や凄腕メカニシャンといった同僚がひしめく日本最大級の専門店で、45歳で再スタートを切ることになった私は2つのことを考えました。

「どうしたら大勢の同僚のなかで光ることができるか」

「そのために自分のどこを強みとして伸ばすか」

私には建築業界で培った金属関連の職人としての経験があります。また、自動車レースチームのオーナーだったこともあって内燃機関整備の経験があり、スポーツバイクの整備自体にはそれほど不安はありませんでした。

しかし、自転車屋というのは販売業です。お客様の心に満足感を届けなければ立ち行きません。しかもスポーツバイクは命を預ける道具でもあります。

そんなスポーツバイクは決して安いものではありません。よって経済的に余裕のある中年層のお客様が多い。そこで私は思いました。45歳からの中途入社の弱みを逆に強みにできる、と。

つまり中年のオッサンが直面する、あれやこれやのいろいろな問題に近しいわけです。昨今の中年世代のスポーツバイクデビューをリアルに感じて、手助けできるということ。初心者全般が直面する数々の問題にも当事者意識を持って対応できる。そんな思いでこの8年間ほど勤務してきました。

ワイズロード志木店は95%がロードバイクのお客様です。実業団カテゴリーに参加するレース志向の上級者もいれば、峠の坂道上りに情熱を燃やすヒルクライマーもいます。また、ゆったりと楽しみながら走りたいサイクリング、自転車散走のポタリングなど、さまざまな興味・志向の方がいらっしゃいます。

みなさんに共通するのは、ロードバイクの魅力にハマって、それが日常生活の一部になっていること。週末の天気が気になり、天気予報をチェックして晴れマークがついていたらワクワクする。

仕事のストレスなんか愛車を眺めていれば癒やされる。自分の力だけで風を切って走る心地よさを知る。そんなロードバイクが大好きな方々です。

そんな方々を私は愛情を込めて「自転車おバカ」と呼んでおります。もちろん私も、自転車おバカであることでは負けておりません。

ワイズロード志木店では、そんなみなさんと一緒に走るソフトサービスに力を入れております。毎週日曜日には、初級～中級向けの「サンデーライド」と上級競技志向の「レースライド」と称する練習会を行っています。まったりゆったり志向も、レース志向も、仲良くみんなでワイワイ楽しくやっている次第です。

そもそもサンデーライドの始まりは、まだ私がワイズロード志木店のお客だったころ、当時の志木店スタッフたちと日曜日に早起きして、近くの荒川サイクリングロードを走ったことでした。

「仲間と走ると楽しい」と、強く思ったので続けてきたわけです。いまでは週あたり70人くらいが参加する仲間との語らいの場になっています。

その後、私はワイズロード志木店に勤めるようになり、この集まりがお店に集まるサイクリストの方々へのソフトサービスの場となりました。

ロードバイクは、買ったその日から乗りこなせるものではありません。初心者は、その面白さを知る前に挫折してしまうケースも多いのです。一緒に走りながら基本的なノウハウを教えることで、ロードバイク特有の〝最初の壁〟を解消したいと考えています。

そうやって初心者を脱してレースやロングライドなど、それぞれの楽しみを見つけていくみなさんと、一緒になって楽しんでいます。

本書は、そんななかで私が指導させていただいている内容、脱初心者のためのポイントを書き記したものです。

深遠なるロードバイクの醍醐味をお伝えしたい！ と念じて筆を執りました。といえば格好いいのですが、要するに「自転車おバカ」の仲間を増やしたい！ ってことですね。

目次

第3章

ロードバイクの賢い買い方

Column 2

第4章

いまさら聞けないロードバイクの基礎知識

第6章

だれでも簡単にできるフォーム改造

Column 5

第7章

走りを変える下半身コントロール術

終章

幸せなロードバイク・ライフ

第1章

なぜロードバイクにはまるのか？

あなたは休日に何をしていますか？

休日の過ごし方って、とても大切だと思います。休日だから休養する。当たり前ですね。でも、疲れをとるって、そう単純なことではありません。

疲れには、肉体的なものだけでなく、精神的なものもあります。ひょっとすると多くの人は、精神的な疲れのほうをよりためているのかもしれません。

たまったストレスを発散することをかねて、金曜日になると、仲間とともに赤ちょうちんに向かう人も多いのではないでしょうか？

冷たいビールをゴクゴク飲むと、解放感でスカッとしますね。仲間と酒を酌み交わし、語らうのは、それはそれで楽しいことです。

ところが、そんな憂さ晴らしの宴会は、終電間際まで続くこともしばしば。そして深夜に帰宅。翌土曜日はというと、起きるのは昼ごろで、その後はリモコンを片手にテレビの前でゴロゴロ……。

実は私自身、以前はそんな生活を送っていました。若いうちは、それはそれで人生経験。でも、中年を過ぎようかというご同輩が、そんな怠惰な生活を送っていては健康的な老後は望めません。

いずれ血液検査で絶望的な結果を受けとることになるでしょう……。

酒を飲まずに相棒を磨く

世の中には、そんな堕落した週末と対照的な週末を送る人がいます。それがサイクリストです。サイクリストのストレス解消法とタイムスケジュールは、まったく違います。たとえば、こんな感じです。

サイクリストは、ストレスがたまっているからといって金曜日の夜に酒に走るのではなく、週末の相棒たるロードバイクをいとおしみます。

サイクリストは、ムカムカしたら相棒（ロードバイク）を磨くのです。優しい奥様やかわいいお子様以外にも、疲れ切って帰宅した自分を元気にしてくれるのがロードバイクというわけです。

だから、サイクリストの自宅のいちばんいいところには、ロードバイクが鎮座します。もちろん、〝室内の〟いちばんいいところです。

ちなみに、ロードバイクに乗らない人はヘンに思うかもしれませんが、サイクリストは自分の自転車を「自転車」とはいいません。「バイク」といいます。

自分で磨き上げ、キラキラと光り輝くバイクを眺めるだけで、サイクリストは幸せになります。バイクは見れば見るほど魅力的です。「バイクは地上を走る乗り物でいちばん美しい」という人さえいるのですから。

同じ道具でも　バイクは掃除機や洗濯機とは違います。命を預ける相棒です。信頼し愛する、重要なパートナーなのです。

金曜夜の大事な儀式

サイクリストは金曜日に仕事を終えたら、居酒屋での深酒よりも大事な儀式があります。翌朝の天気予報のチェックです。雨が降らないバイク日和の予報なら、翌朝の準備をします。

まずは愛車を磨きながら、各所の具合をチェックしていきます。「磨きながら」というのがミソでして、各所を磨く過程でマシントラブルを未然に防止できます。

全体を磨いたら、次にチェーンの具合をチェック。バイクの駆動システムの中でトラブルが発生しやすいのが、チェーン。チェーンのコンディションが翌朝の幸福度を大きく左右するのです。

チェーンをウエス（油拭きに用いる布）できれいに拭き、必要なら注油します。この過程でビールを500ccほど〝注酒〟しているサイクリストもいるようですが、たくさん飲むと翌朝に響くのでホドホドに。

こうして、すべての準備を整えたら早寝に限ります。なんてったって翌朝は早起きなのですから！

青く、高く、すがすがしい空

土曜日の朝は、サイクリストにとって至高のステージとなります。夏はヒリヒリと肌を焼く太陽、冬はキーンと頬を凍らす冷風。季節ごとに変わりゆく自然を感じながら走るのです。

前述の通り、私が勤めるワイズロード志木店では、お客様と一緒に走るソフトサービスに力を入れています。毎週日曜日には、初級~中級向けの「サンデーライド」と上級競技志向の「レースライド」と称する練習会を開催。まったりゆったり志向も、レース志向も、仲良くみんなでワイワイ楽しくやっている次第です。

途中入社組の私は以前、建築関係の現場施工会社を経営していました。よく頑張ったつもりですが、力尽きて廃業。いまの会社に拾われました。

そんな私なので、前職の関係者とはほとんどつき合いがなくなりましたが、いままでも一人だけ交流の続いている方がいます。恩人であり友人のHさんです。

廃業してショップ店員になってからしばらくしてHさんと会い、彼の近況を聞くと、相変わらず金曜日の夜に深酒して憂さ晴らししているとのこと。私が転職した後もずっと同じく建築業に携わっていたHさん、建築業にはストレスが多いのです。

その近況を聞いたとき、ちょうど私は自分用に新しいバイクを組んだばかりで、手持ちのバイクに1台余剰が出たばかりでした。そこで世話になったHさんに、そのバイクをプレゼントすることにしました。

血液検査が劇的に好転

でも彼はかたくなに受けとろうとしません。それでも私が熱心にすすめたので結局、受けとってくれました。プレゼントしたバイクはフランスのメーカー・ルックの「555」というモデルです。

実はHさん、マウンテンバイクで往復40㎞ほど自転車通勤をしていたので、ある程度の経験はありました。555をプレゼントしてしばらくすると、週末にサイクリングする様子が携帯の写メールで届くようになり、体調がすこぶる良くなったといううれしい報告もありました。

そうなんです。Hさんは、「金曜夜の深酒&遅寝→休日はダラダラ」の悪循環から「金曜夜の準備&早寝→早朝から青空サイクリング」という好循環へと劇的にライフスタイルを改善したのです。Hさんの血液検査の結果も劇的に好転しました。

ロードバイクを趣味にすると、ほかの趣味より優位な点がいくつかあります。
★スキーにたとえるならば自宅の目前がゲレンデ！　必要なのは青空だけ
★体力よりテクニックが重要で中高年でも伸びしろが十分にある
★機材スポーツなので道具への愛着も楽しめる
★長時間の有酸素運動が手軽にできて健康的
★ヒザの着地衝撃がなくヒザへの負担が少ない
――ほかにも、まだまだありますよ！

ロードバイクの魅力とさまざまなノウハウを、これからじっくりと紹介していきましょう。

第2章

中高年のためのロードバイク講座

中高年は〝伸びしろ〟が大きい

この本を手にとってくださったアナタ様、すでにロードバイクを楽しんでいらっしゃる方もいれば、「気持ちよさそうだし、健康にもいいらしいからロードバイクに乗ってみたい」という方もいらっしゃるかもしれませんね。

「オレも40代。これから始めても大丈夫だろうか？」

「50歳を過ぎてからロードバイクデビューしたんだけれども、上手く乗りこなせていない気がする」

この本はそんなご同輩にこそ読んでいただきたい。

一般にスポーツは「若いうちに始めたほうが上達も早いし、強くなる」と思われています。いま日本で大人が親しんでいるスポーツといえばゴルフ、野球、ランニングといったあたりでしょうか。テニスとかスキーもそうですね。

たしかにこうしたスポーツは、中高年になって始めるより若いうちのほうが上達も早そうです。でも、腰やヒザなどへの負担が大きいので、30年近く何もしていなかった中高年がいきなり始めるのはかなりアブナイですね。技術的にもハードルが高い。

でもロードバイクはちょっと違います。体力に劣る中高年は、工夫を重ねて効率的な乗り方を会得しようとするので、中高年になってからロードバイクを乗ることは決して不利ではなく、むしろ伸びしろが大きいといえるでしょう。

そもそもロードバイクという乗り物は、カラダへの負担がとても小さい。サドルに腰かけて空中に浮いたような状態でペダルをこぐので、ランニングのように腰やヒザに強い衝撃を与えることもありません。ランニングでヒザにかかる衝撃は体重の2～3倍といわれますが、ロードバイクにはそれがないということです。

何日も連続してフルマラソンはできませんよね。でもロードバイクの場合、最高峰レースであるツール・ド・フランスのように、20日間以上にわたって毎日のように200km前後走るなんてことも可能なわけです。

それだけロードバイクは、故障のリスクを最小限にとどめながら長時間の有酸素運動（エアロビクス）ができるので、心肺機能や筋力を無理なく少しずつ向上させることができます。

しかもロードバイクの基本である「ペダリング」は、ゴルフや野球のスイングのように、瞬間的かつ精密なテクニックはいりません。

これが結構大切なポイントになります。ロードバイクは、基本的に「ペダルを上手くまわし続けること」がメインのテクニック。持続・継続的にクルクルまわし続け、そのリズムと対話しながら乗るものなのです。

一瞬にして絶好球を見逃して野次を飛ばされたり、猛烈なスピードで飛んでくる打球をトンネルして赤っ恥をかいたりすることはありません。

若者が得意とする瞬発力より、中高年が得意とする持続・継続力を活かせる実に都合のいいスポーツなのです。

ロードバイクは若さゆえの体力や運動神経といったものはさほど関係がない。だから中高年でも、衰えつつある体力がハンディになりません。それどころか、大人だから身についている特性があります。それが人生経験を重ねたことによる自分をコントロールする力、自制心です。

若者と比べて体力的には劣っていても、ムダなく、効率的にパワーを伝えるように乗りこなせば、力任せで走っている若者を見返すことができます。実際、レース会場に行けば、そんな中高年サイクリストがウジャウジャいます。

ご同輩の目指すべきところはココなんですよ、ココ！

すぐに乗りこなせないのが醍醐味

同じスポーツバイクでも、フラットハンドルのクロスバイクなら前傾姿勢がキツくないので、買ったその日から颯爽と乗りこなせます。いい換えると、クロスバイクは買ったその日に100％の性能を引き出せるわけです。

ところが、ドロップハンドルのロードバイクは、なかなかの難物です。初めて乗ったその日に100％の性能を引き出すのは、ほぼ不可能といっていいでしょう。変速レバーのあるブラケットの部分を握ろうとしても、思いっきり腕を伸ばさないと届かなかったりしますから。

最初のうちは首、肩、手のひら、腰、尻、大事なアソコ……などが痛くなったりして、乗っているだけでもつらくなります。こうした乗り始めの痛みは、乗車時のポジションを調整したり、自分に合ったフォームで乗れるようになったりすると解消していくものですが、この段階を乗り越えられない人が結構多いのも事実です。

「自転車ブーム」といわれて数年経ちますが、その陰で「ロードバイクを買った人のほぼ半数が1年以内に乗らなくなっている」という悲しくなるデータもあります。

ドロップハンドルと細いタイヤを備え、車重はママチャリの3分の1〜4分の1と非常に軽いのがロードバイクの特徴。舗装路を速く走ることを追求した、潔《いさぎよ》さが身上のレーシングマシンですから、ママチャリに乗れるからといって同じように乗りこなせるわけではないのです。

私は自転車屋として、お客様に乗り方までフォローしないと、ロードバイクは売ってはいけないとまで思っていますから、前述のようにビギナーからレース志向のサイクリストまで、レベル別に練習会の場を提供しています。

練習会の案内は、志木店のホームページ（http://ysroad-shiki.com/）にありますので、お近くの方はぜひ一度おいでください。

中高年の場合、「いまさら習うのは気恥ずかしい」「人から意見されたくない」なんてことで、密かに単行本や雑誌を買ったりして勉強するわけですが、ホントはベテランの先輩サイクリストに教わるのが上達の近道です。

そうはいっても、教わる前提として必要な知識もたくさんあります。まずは座学として、本書を読んでいただくと良いかと思います。とにかく、買いっぱなしで挫折する人を減らしたいのです！

当面の目標は100km走破

ロードバイクは、人間の力だけでもっとも高速で長距離を移動できる乗り物です。地上1・5mくらいを滑空しているような感覚ですから、気持ちいいことこの上なし。

中高年でもすぐに時速30kmくらい出せます。鼻歌を歌えるくらいのスピードで巡行すれば、100kmくらいの距離もそれほど無理なく走れます。休憩を入れても5時間くらいでしょう。

日曜日に早起きすれば、ロードバイクならではの爽快感や達成感を味わいながら、ちょっとした小旅行が楽しめます。ロードバイク購入の目的が、こうしたロングライド、すなわちツーリングという人も多いのです。

「今度の週末、50㎞ほど先まで、うどんを食べがてらツーリングに行ってみようか」とさらっといえるあたりが当面の目標ですね。

「昨日、自転車で100㎞ほど走ってきた」なんて、月曜日に会社でさらっと話してみると周囲の尊敬を勝ち得ること間違いなしです。もしもこれまで「ただのおじさん」と思われていたとしても「ただ者ではない」と一目置かれ、〝素敵な大人〟へと昇格。世間一般では自転車で100㎞走るなんていうのは、かなりのアスリートか日常を超越した冒険の一種くらいに思われますから。

そしてこの100㎞は、初心者にとっての1つの壁。カラダのあちこちに痛みがあると、100㎞なんて途方もない距離に感じるでしょう。

ロードバイクなら、1時間乗っていれば20〜30㎞は進むわけですから、まずはそのくらいの時間、無理なく乗車できればいいんです。1時間に1回ほど休憩しながら走れば、やがて100km達成、という理屈ですね。

ところが初心者が「1時間も乗っていられない」となる大きな理由は、カラダのどこかしらに「痛み」が出てくるから。となると、その痛みを1つひとつ潰していけばいいわけです。

「できなかったことができるようになる」から面白い

実は私、中学生のころこそ自転車に入れ込んでいましたが、免許がとれる年になるとエンジンつきの2輪・4輪車に行ってしまいまして、そのまま長くご無沙汰していました。人生いろいろあって、自転車に再び乗り始めたのは44歳のときでした。

その年の春、荒川サイクリングロードで葛西臨海公園まで行ってみました。埼玉県志木市から東京湾まで往復約85kmの行程です。で、ヘロヘロになって帰ってきたのでした……。

当時はマウンテンバイク、しかも靴底が柔らかいスニーカーで乗っていましたから、ずっとこぎ続けているとペダルが食い込んでしまって、足の裏がもう耐えられないくらいに痛い。カラダの痛みや疲労なんかより足の裏の痛みに耐えられなくて、40分に1回くらい休憩しながら走りました。

靴を脱いで足の裏をさすって、それこそ何回も何回も休憩しながらやっと葛西臨海公園にたどり着いたときの感激は忘れられません。写メールを撮って「葛西臨海公園、自転車で行ったよ」なんて飲み友達に送ったくらいです。友達は「すごいね、あり得ない！」なんて感心してくれて、ちょっとしたヒーロー気分も味わいました。

あの公園正門の噴水の前に立ったときに感じた、たしかなる達成感。道中のあの風とタイヤノイズとチェーンの音。まるで昨日のことのように思い出します。

私が味わった足の裏の痛みは、自転車用のシューズを履くことで解決。ヘロヘロに疲れてしまったのは、マウンテンバイクで走行抵抗の大きなブロックタイヤだったことが大きい。ロードバイクに乗るようになって、すっかりスピードと爽快さの虜になってしまったわけです。

「痛み」や「できないこと」は、機材次第で解決できる部分もあります。大人ならではの経済力を発揮して解決することも可能ということ。ポジショニングやフォームに起因する場合は、スキルを身につけることで解決していきます。

いずれにせよ痛みやできないことを１つひとつ解決していけば、１時間でも２時間でも乗れるようになり、１００㎞といわず、２００㎞、３００㎞だって走れるようになります。

仲間ができると一段と楽しい

一人で乗っても楽しいけれど、仲間と走るともっと楽しいのがロードバイクです。しかも自転車で知り合う仲間は、いい連中が多い。ゴルフなんかと違って、仕事のつき合いで自転車を始める人はまずいません。自分の意志で乗り始めるわけですから、ヘンなしがらみがないんです。

さらにロードバイクの場合、仲間と数人で走ると、先頭が風よけになって引っ張り、先頭を交代しながら走ります。車間距離30㎝くらいでの集団走行で、ときには時速が

40㎞とか50㎞に達します。

もし、前走者がふらついたり、急減速したり、的確に手信号を出さなかったりしたら転倒してケガをするかもしれない。骨折など大ケガの可能性もないとはいえません。信頼できる相手だからこそ一緒に走れるのです。

心理学でいうところの「吊り橋効果」ですね。

男女が吊り橋の上で会った場合と、密室で会った場合の好感度を比べたら、より緊張感のある吊り橋で会ったほうが、恋が芽生えやすかったという実験です。緊張感を共有することが恋愛に発展しやすいということです。

緊張感や責任感の中で高まる信頼関係は、非常に魅力的です。

サイクリストの場合、その相手は自分と同じ「自転車好き」ということだけで十分。実際、私たちの練習会の仲間は、お互いに名前しか知らない関係であることもよくあります。出身地や仕事などプライベートな話題は、本人が話さないかぎり、あえて聞かないのが私たちの練習会のルール。強い信頼関係、濃い人間関係でありながら、利害関係とは無縁なのです。

束縛や詮索とも無縁の解放された世界。「20年ぶりの中学校のクラス会」に近い感覚かもしれません。

日常とは正反対の人間関係だからこそ、朝寝坊したい日曜日の朝でもムクムクと起きて、暑くても寒くても集合場所に向けペダルをこぎ出すのです。

Column 1

シマノとカンパの設計思想の違い

コンポメーカーのシマノとカンパニョーロ（カンパ）には、根本的な思想の違いがあります。シマノが目指すのは、「ストレスフリー」。上級グレードほど、使い勝手がスムーズになります。105が「カチャ」ならアルテグラは「カシュ」、デュラエースは「スチャ」ってな感じです。どんどん軽く、スムーズになります。シマノの目指した方向の究極は、電動変速システムです。アルテグラDi2とデュラエースDi2の2グレードがありますが、「カチッ」（スイッチ音）から「スコン」（シフト音）とウルトラスムーズ&ストレスフリーです。

一方のカンパ。こちらはシマノとは逆に、グレードが上がるにつれ、「カチッ」「バチン」と硬い操作感になります。登坂やスプリントなどで心拍数が最大になって、鼻水やよだれが流れているけれど拭えないような極限状態のとき、指先に伝わるたしかな感触と耳に届く「バチン」という音で、「ちゃんとシフトできた」というインフォメーションを与えようとしているのだと思います。

クルマでいえば、シマノのDi2（電動変速システム）がオートマ、カンパはマニュアル6速のイメージです。私自身はカンパが好きです。優れていることと面白いこととは違います。マニュアルのクルマは面白いから乗るのであって、楽チンで速ければいいとは思いませんから。と、思っているのですが、カンパからも電動のEPSが出ました。

第3章

ロードバイクの賢い買い方

必ず実物を見て買おう

初めてロードバイクを買う人は、その価格帯を知ってビックリします。「えっ、ロードバイクって10万円じゃ買えないの？」ってな具合です。「20万円も出せば最高級に違いない」と思って購入したお客様もいました。その後、もっと高価なロードバイクがたくさんあって、自分の愛車はエントリーモデルだと知って驚かれたそうです。

「自転車に20万円、30万円」というお値段は、主婦感覚では驚きの高値、許されざる価値観でしょう。同じ自転車でも、量販店では1万円を切るママチャリを売っています。だから少しでも安く買おうと、ネット通販で割安のものを探して買おうという人がいても不思議ではありません。

でも、実物を見ずにネット通販で買ったりするのは、お勧めできません。なにも私が自転車屋だからということではなく、ロードバイクのキモはその人固有の「ポジション」にあるからです。

もっとも大切な「その人にとってのベストポジション」は、ベテランのサイクリストでも自分ではなかなか見いだせません。初心者であればとくにそうです。実物を見て、またいでみて、自転車屋と相談しながら自分のカラダに合ったものを買う——これが、基本中の基本です。

ロードバイクの本を読めば一応、「ポジション出し」「セッティングの方法」なんかがひと通り書かれています。でも最初のうちはどこをどうやってもしっくりこないのが普通。それこそ「㎜単位」の違いで、痛みが出たり消えたりするような世界です。

もしママチャリやクロスバイクから乗り換えて、たいして違和感がないとしたら、それは本来のロードバイクではありません。

あとで詳しく述べますが、「ポジションは自転車屋の責任、フォームはアナタ様の責任」です。

ポジションとは、ハンドル、サドル、ボトムブラケット（BB＝ペダル回転軸）の3点の位置のこと。一方のフォームとは、ロードバイクをこぐときの姿勢。ポジションとフォームは別ものです。

つまり、アナタ様の骨格や柔軟性といった身体的な特徴や技量に合わせてポジションをセッティングするのは、ロードバイクを売る自転車屋の責任。それを乗りこなすためのフォームはお客様であるアナタ様の責任ということです。

この基本スタンスを見失うと、第一歩からつまずいてしまうのは必至。胸を膨らませて挑んだ新たなロードバイクの世界も、第一印象が悪いと長続きしません。

せっかく乗り始めたロードバイクなのに、「痛いし、つらいし、乗りにくくて全然面白くない……」となってしまう人が多いのも、ポジションの問題が大きいのです。

「ロードバイクは自転車屋で実物を見て買うもの」と納得していただくことが、「賢い買い方」の第一歩。その先に2つのポイントがあります。

1つは「店選び」、もう1つは「車種選び」です。これらが上手くいくと、素晴らしいロードバイクの世界に最短で近づけます。そこでこれら2つのポイントを、順番に説明することにします。

いい自転車屋は予算ではなく夢を聞く

ロードバイクを買うとき、予算とのかね合いもたしかに大切ですが、それよりも大切なのは、その人が「どんな乗り方をしたいか」です。

ワイズロード志木店の場合、店頭には5万円台から100万円以上のものまでさまざまな車種が並んでいます。

「何がそんなに違うの？」と思いますよね。かたや予算を抑えてロードの世界を垣間見る自転車であり、かたやレースで勝負するためのマシンです。高額になるほどレースの世界に特化してくるわけで、求められるものが違います。

つまり車種選びで失敗しないために大事なのは、第一義的には自分の目的、いい換えれば夢に合っているものかどうか、ということであって予算ではないのです。

「いい自転車屋は夢を聞く」――これが店選びの1つの判断基準になるのではないでしょうか。

「初心者なんですが……」と来店されたお客様に、私はいつもこんなふうに尋ねます。

「ご来店いただき、ありがとうございます。そもそも、なぜロードバイクに乗ろうと思われたのですか？」

するると「楽しそうだから」「健康のため」「自転車通勤のため」「レースに出てみたい」といった答えが返ってきます。ロードバイクに乗ろうと思った動機が具体的であればあるほど、自転車屋としては適切な車種を勧めやすいのです。

「健康のために始めたい。できれば女房も来年あたりに一緒に楽しめるといいなぁ。一緒に遠くまで走って、おいしいものを食べたい」ということであれば、それに適した車種をご提案します。とにかく、どう乗りたいのかが、大切なんですね。

「1年後にヒルクライム（坂道を上るレース）に出たいんです」と、具体的な動機をお持ちのお客様もいらっしゃいます。こうした方には、レースにも対応できる車種を紹介していきます。

もちろん最終的な決定権は、お客様にあります。

しかし「初心者だから」と廉価なモデルを選択したものの、ちょっと慣れたら満足できなくなって、グレードの高い高価なパーツに交換したり、あらためて高価な完成車に買い替えたりということは、実はよくあること。

買い替えてくださるのは自転車屋にとってはありがたいことなのですが、お客様に余計な負担をかけないように、夢を実現できるロードバイクをきちんと提案できる自転車屋でありたいと、私は思っています。

だからこそ、お客様の「夢」を聞くのです。

完成車は見た目で選んじゃってよし

誤解を恐れずに大胆なことをいうと、きちんとしたスポーツバイクショップに陳列されたエントリーモデルなら、完成車はどれを選んでもそれほど変わりはありません。最重要事項は、自分のポジションに合ったサイズのある車種を買うことです。

と、いってしまうとこれだけで「車種選び」が終わってしまいますが、大事なポイントは「自分の気に入ったモデルを買うこと」。細かいことを抜きにすると、機能差はさほどありませんから、メーカーやブランドだったり、フレームカラーだったりデザインで選んでいいと思います。

なんともアバウトな提案、と思われるかもしれませんが、ロードバイクは悦楽の時間をともに過ごす「相棒」、あるいは「恋人」です。洗濯機や冷蔵庫と違って、単なる道具ではありません。自分のフィーリングに合っていることは実に大切。基本的にロードバイクは室内に保管しますから、平日の夜、リビングで眺めたり磨いたりする楽しみも大きいのです。

自分の好みの1台は、週末に向けてのモチベーションを高めてくれます。

イタリアの古豪・ビアンキは、「チェレステ」と呼ばれる緑色に近い青色がイメージカラーで、清楚なのに男らしい感じもあって、とても幅広く支持されています。現存する世界で最古の自転車メーカーという歴史もあり、「Bianchi」とフレームに入った自転車に乗ることは、その歴史の一端に参加している感覚が味わえます。

同じくイタリアのピナレロは、ツール・ド・フランスやジロ・デ・イタリアなど数々の大レースで活躍してきた名門ブランド。端正なホリゾンタルフレームや独特な形状のフォークなど一目で分かるカッコよさと、レースで培われてきた技術への憧憬《どうけい》から高い人気を誇っています。

色使いが比較的地味めのアメリカンブランドを好む人もいます。トレックは、少し前まで黒と白と銀くらいしかなかったのですが、2009年から「プロジェクトワン」といって、コンポや色を選んで〝自分だけの1台〟をつくるプログラムを始めています。

雑誌を買って「コレはどうだろう?」「アレとコレ、どっちがいいんだろうか?」と悩んでいるなら、細かい能書きよりも感覚的に気に入ったほうを買うのが正解です。「性能が高いほうがいい」というなら、後で述べるようにホイールとタイヤを交換すれば、多少の性能差など吹っ飛ぶほど激変しますから。

コンポの差なんてあまりない

じゃ、10万円の完成車と、30万円、50万円、それ以上の完成車で具体的に何が違うのか、と。

カーボンかアルミかというフレームの材質の違いもありますが、最近では20万円くらいの比較的廉価な完成車からカーボンが使われるようになっていますから、いちばんわかりやすい差はコンポーネント（コンポ）の違いです。

コンポとは、ブレーキ、ディレイラー（変速機）、クランクなどのパーツの総称。日本の「シマノ」、イタリアの「カンパニョーロ（カンパ）」が世界2大コンポメーカーです。

各メーカーのグレードを上位から下位に並べると下の表のようになります。

たとえばシマノのコンポの場合、「ティアグラ」より2つ上位の「アルテグラ」の

2大コンポーネントのグレード

メーカー	グレード	変速
SHIMANO シマノ	DURA ACE Di2（電動）9070	11速
	DURA ACE（デュラエース）9000	11速
	ULTEGRA Di2（電動）6870	
	ULTEGRA（アルテグラ）6800	
	105（イチマルゴ）	10速
	TIAGRAティアグラ	10速
	SORA（ソラ）	9速
CAMPAGNOLO カンパニョーロ	SUPER RECORD（スーパーレコード）	11速
	RECORD（レコード）	11速
	CHORUS（コーラス）	11速
	ATHENA（アテナ）	11速
	CENTAUR（ケンタウル）	10速
	VELOCE（ヴェローチェ）	10速

ほうが変速の感触に磨きがかかりストレスフリーに。クランクあるいはブレーキアーチの剛性も上がります。人間が出力するパワーは少ないですが、その分、機械的なパワーロスには敏感です。

一方で市民サイクリストが走るとき、変速に費やす時間はトータルの5％にも満たないでしょう。重量も数百グラムの違い。細かいことをいえば、感触だとか剛性だとか、そりゃ上位グレードのほうがいいに決まっていますが、率直にいうと走行に与えるグレードの差はあまりないと思います。

変速のスピードは微々たる差ですが、クランクの剛性やブレーキの利き、変速時のフィーリングなどはグレードが上がるほどたしかに高性能です。

ですから、レースに出場するというのであれば、変速スピードではなく、クランクの剛性やブレーキの利きなどの確実性から上位グレードにする意味はあります。

もちろん「所有する喜び」は大きな要素ですから、上位グレードにしたい気持ちはないがしろにはできません。ちなみにコンポのグレードによる性能差の味つけは、カンパよりシマノのほうが大きいです。

ホイールとタイヤを替えれば走りが劇的に変わる

コンポよりも、値段の違いが性能差に露骨に現れるのがホイールです。完成車の場合、ホイールとタイヤだけ上級グレードのものに替えるとびっくりするくらい快適になります。

ですから、最初にあまりお金をかけられない場合、自分の志向に合った予算内のロードバイクをまず買っておいて、タイヤだけいいものに交換したり、後でホイールをグレードアップしたりする方法もアリです。

完成車の場合、10万〜23万円クラスならシマノの「WH‐R501」というエントリークラスのホイール、30万〜40万円クラスならマビックの「アクシウム」という普及モデルが標準仕様となっています。

完成車の場合、だいたい価格の7％ぐらいがホイールのコスト。完成車は、プライス・タグの数字は低めにしてコストパフォーマンスを高めることが重視されますから、廉価なグレードのホイールしか装着できないという大人の事情があるのです。タイヤも同様です。

結果として、フレームやコンポといった全体的なグレードからすると、ホイールとタイヤが明らかに見劣りしてしまう完成車が多いわけです。

もし40万円の完成車を買う金銭的余裕があるなら、25万円の完成車を買って、15万円でグレードの高いホイールとタイヤに交換したほうが、ほどよいバランスに仕上がります。

なぜホイールとタイヤをいいものに替えると、見違えるほど走りがよくなるのか？もうちょっと踏み込んで説明しましょう。

まずタイヤ。タイヤは路面との唯一の接点として、高いグリップ力と低い走行抵抗が要求されます。この2つの性能は相反する要件なので、両者が高い次元でバランスした高性能タイヤに替えてやると、驚くほど走りやすくなります。

しかも、高性能タイヤは軽量です。回転体には慣性力が働くので、タイヤの軽量化は実際の重量以上に効果的です。

タイヤは値段が高いものほど高性能です。ハイエンドのものは1本5000円〜1

万円以上まであります。タイヤは前輪より後輪のほうが先に消耗しますから、買い替える前に、前後を交換（ローテーション）します。後輪のタイヤの接地面がわずかに平らになったら、前輪とローテーション。その後、平らな幅が10〜15㎜になったら交換時期です。

タイヤの交換時期は3000㎞走行ごと、もしくは半年が目安です。

タイヤという消耗品に前後2本で1万〜2万円以上は高いと思われるかもしれませんが、いちばんお手軽なチューンナップになります。「タイヤによって、こんなに走りが違うのか！」という体験ができることうけ合いです。

ベストなタイヤの選択法

さて、そのタイヤは「クリンチャー」「チューブラー」「チューブレス」と大きく3つのタイプに分かれます。

もっともポピュラーなのがクリンチャー。タイヤの内側にチューブが入っており、

クリンチャー

メリット　もっともポピュラーで品揃えが豊富。着脱やパンク修理が比較的簡単で経済的

デメリット　チューブとタイヤが分かれているぶん、比較的重いものが多い

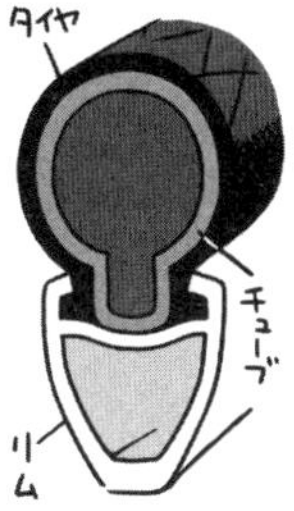

チューブラー

メリット　タイヤとチューブが一体化しており断面がほぼ真円。コーナリング中、パンク時の安全性が高い

デメリット　接着剤でリムに直接貼りつけるので着脱に手間がかかる。パンクしたら全とっかえ

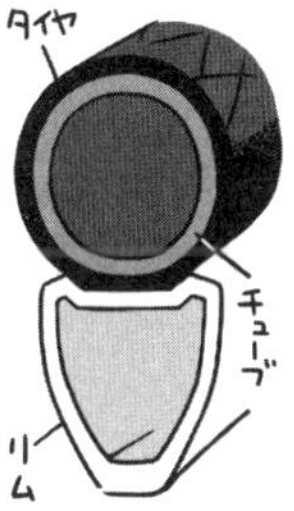

チューブレス

メリット　チューブがないぶん乗り心地もいい

デメリット　着脱にかなり手間がかかる。パンク修理が難しい

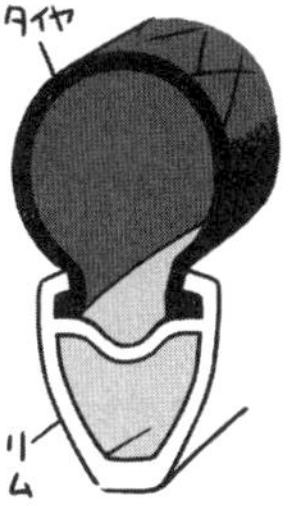

パンクしてもチューブを修理したり交換したりすればＯＫ。ママチャリに使われているタイヤと同じタイプです。

ロードバイクの場合、高い空気圧で使用するので、一度パンクしたらチューブは交換したほうが無難です。チューブは５００～１０００円台で買えます。

次にチューブラーとは、タイヤのなかにチューブが縫い込まれていて断面はほぼ真円のもの。かつてロードバイク用のタイヤといえばチューブラーが定番でしたが、クリンチャーの性能がどんどん上がって、いまやチューブラーはレース時の〝決戦用タイヤ〟という位置づけになっています。軽量で乗り心地もよく、コーナリング中にバースト（破裂）したときの安全性が高いためです。

ただ、問題はパンクしたとき。チューブだけ交換というわけにはいかないので使い捨てになってしまいます。昔はチューブラーを分解してパッチを張ってパンク修理しましたが、それにはブラックジャック先生くらいの腕前が必要です。

１本３０００円くらいのチューブラーもありますが、高価なカーボンホイール（詳しくは次項）の性能を発揮させるためには、やはり１万円前後のタイヤを使いたいところ。要するに、チューブラーはパンクするたびに1万円前後の新品と交換しなくてはならないので、ランニングコストがかかるのが難点なのです。

最後のチューブレスは、その名の通りチューブがないタイヤ。出てきたばかりなので、まだポピュラーにはなっていません。品数も少なく高価でもありますが、走行抵抗が低く、乗り心地はいいです。

クリンチャーに比べて重量的に不利だったのですが、軽量なものも出てきたので今後に期待できます。ちなみにチューブレスタイヤは、チューブレス対応のホイールでないと装着できませんので、念のため。

どうせならベストホイールを買いましょう

より劇的に走りが変わるのがホイール。タイヤの説明のところでも述べましたが、回転体の軽量化は実に効果的なのです。

回転させるときに必要な力から計算した重量を「等価質量」といいますが、ホイールの場合、これが1・5倍くらい。つまりホイールが200g軽くなると、フレームなどが300g軽くなったのと同じ効果があるということです。さらに剛性も高まるので、ペダルからの力がより無駄なく推進力として伝わります。

「踏み出しが軽くなった」「上り勾配がラクになった」「巡行速度が前より速くなった」「安心してブレーキングできる」といった具合に、より高性能のホイールに替えることで得られる効果は、とても体感しやすいのです。

ロードバイクにしばらく乗っていると、こうしたホイールの重要性がわかってきます。そして、「もっといいホイールが欲しい!」という衝動が必然的に起こります。

前後2本で5万~6万円くらいの〝ちょっといいホイール〟に交換すると、「こんなに違うのか、もっといいホイールが欲しい!」となって、次々と買い替える人も少なくありません。これではかえって高くつきますから、どうせなら最初からベストのホイールを買ってしまうのがお勧め。もし愛車を買い替えたとしても、一部の例外を除いてホイールは使いまわし可能だからです。

いいホイールは安くはありませんから、ホイールの買い替えに失敗しないように、ホイール選択のポイントを伝授しましょう。

まずは素材。ホイールは大きく「アルミ」か「カーボン」かに分かれます。カーボンはアルミより高価です。カーボンホイール自体、1本15万～50万円以上と、とても高価なことに加えて、ほぼチューブラー専用だからです。

では、いいホイールとは何か。求められる条件を列記してみると、次の通りです。

- **剛性が高い**
- **空気抵抗が小さい**
- **慣性重量が少ない（軽い）**
- **ハブ（車輪の中心部）の回転が滑らかで機械的損失が少ない**

この4つのポイントが高いレベルにあることがいいホイールの条件です。一切の妥協を排してお金に糸目をつけず、取り扱いに細心の注意を払えるサイクリストなら

「チューブラー専用カーボン製ディープリム」で決まり、でしょう。

ディープリムとは、リム（車輪の縁《ふち》）の高さを38～60㎜ほどにして高速域での空気抵抗を抑えたもの。スポークを短くできるので、剛性もぐっと高まります。フルアルミ&クリンチャーだと重くなりがちですが、軽量なカーボン&チューブラーという組み合わせは最強。間違いなく幸せになれます。

ただし、問題は高価なこと。ホイール自体の値段が15万～25万円。パンク修理が事実上できないチューブラーで、1回パンクするとタイヤ代が1万円前後。しかもカーボンリム専用のブレーキシューも必要。大人の財布でも、躊躇しますよ。まして自転車に興味のない奥様方の耳に入るとえらい騒ぎになります。

とはいえ、ディープリムには抗いがたい大きな魅力があるのです。

「凄い！」と実感するのが、集団走行のとき。前走者の後につくと、すっと吸い込まれそうに感じるほど、空気抵抗が消えます。

ホイールの空気抵抗には、正面から風が当たったときの抵抗とスポークの回転で空気を切る抵抗とがありますが、その両方を低減するディープリムをはいて走ると「仲間と風を分け合って走ってるんだ！」という感覚が味わえます。これはぜひ一度、体験していただきたいところです。

なんとかディープリムの素晴らしさをリーズナブルに味わうことはできないものかと、世界中のサイクリストが切望しているのです。

ちょっと前まで、ディープリムで背伸びすれば手に入れられる存在として定番的な人気を集めていたのが、マビック「コスミック・カーボン」（前後で約20万円）でした。アルミリムにカーボンで空気抵抗を抑えるためのカバーを掛けた構造で、重量は前後で１７４０gのクリンチャー用です。

ところが、２００９年にカンパニョーロ「ボーラ・ワン」が発売され、業界騒然の価格破壊が起こります。チューブラー用でしたがフルカーボンで、重量は前後で１３５０g。当時の実売価格だと前後セットが20万円ほどでしたから、少し前のフルカーボン・チューブラー用の半額。そのうえ、圧倒的に軽い！

そのインパクトたるや凄いものがあり、それまでの定番コスミック・カーボンが急に売れなくなってしまったほどでした。いまやレース会場へ行くとボーラ・ワンだらけという人気ホイールです。

でもやっぱりボーラ・ワンは敷居が高い。チューブラー用ですから毎日使い倒すには、やっぱり一般的なブレーキシューが使えるアルミリムで、パンクしても安価なクリンチャー用が欲しくなります。

そんな市場のニーズに応えて登場したのがシマノ「WH-RS80-C50」です。前後の重量は1783gで、お値段は9万円！　これまた価格破壊でした。

魅力的なディープリム、俊敏さなら軽量リム

と、このあたりはうんちく的ホイールの現代史です。

ホイールの世界も技術の進歩は急速で、ほんの1～2年で状況が激変しています。固有名詞を挙げて「これがベスト」と勧めても、あっという間に陳腐化してしまいますから、ホイールの歴史を踏まえて、選択のポイントがどこにあるのかを理解していただきましょう。

私の個人的なホイール選択のポイントといえば、「ディープリム」「軽量」「クリンチャー用」です。それは「毎日乗れる、より長い時間味わえる」から。

先述したようにディープリムは、集団走行したとき、驚くほどその効果がわかります。また高速巡行ではスピードが落ちにくいというメリットがあって、日常的に使えるホイールです。

私としては毎日使いたい。とはいえディープリムのクリンチャー用というと、1700～1800gくらいあって重いのが常識でした。

まぁ、完成車についているホイールは2000g前後ありますから、それよりはかなり軽いわけですが、リム高の低い（ディープリムでない）軽量ホイールは1400～1500gくらい。この重量差のため、俊敏な加減や峠を駆け上がるヒルクライムでは軽量ホイールに分があります。

軽量クリンチャーリムの雄、カンパニョーロ「シャマル・ウルトラ」（実売価格12万円）は1425g、定番的存在のフルクラム「レーシング・ゼロ・ツーウェイフィット」（実売価格12万6000円）は、クリンチャーとチューブレスの両方に対応して

1460gです。

ブレーキのあたり面がアルミで、クリンチャー用でありながら軽量なディープリムのホイール（しかも現実的な価格）は長年の夢でしたが、2012年に、前後で1600gを切るモデルが登場。重量は気にせず、ディープリムのメリットを日常的に堪能できるようになりました。

その一例がカンパニョーロ「バレット」（前後セットで実売価格13万～20万円、1590g）。基本的な構成はアルミリム＋カーボンコンポジットで、いくつかのグレードがあります。価格が抑えめのものは、ハブに一般的な工業用ベアリングを使用し

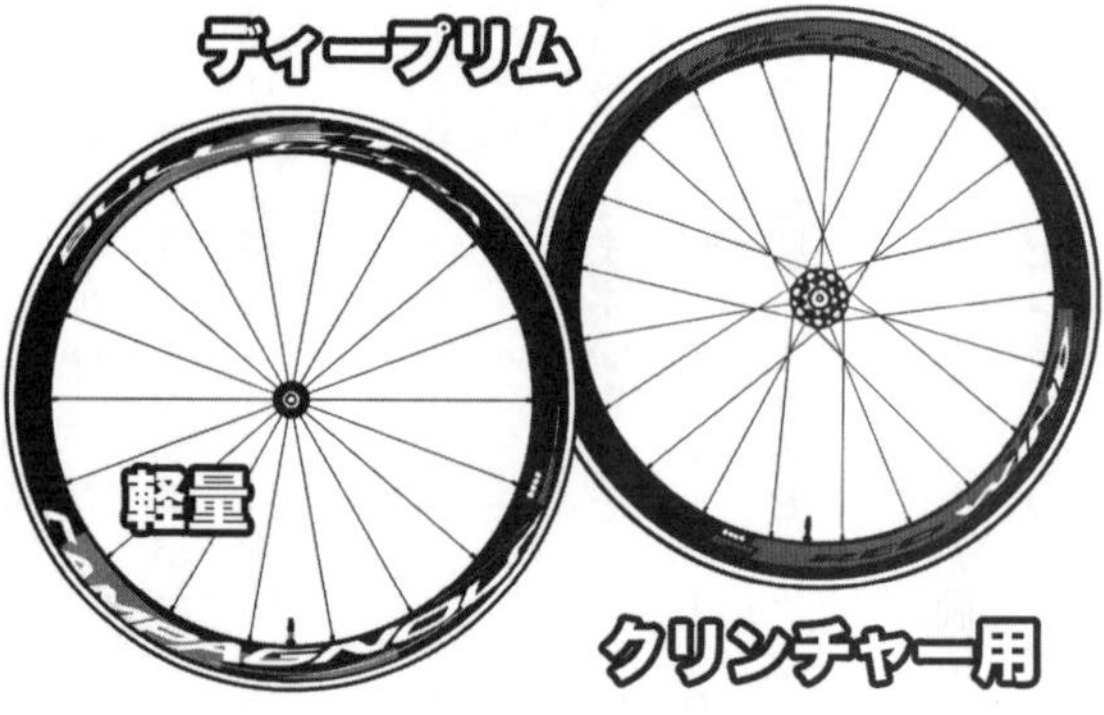

野澤流ホイール選択のポイント

ていますが、高級グレードではカンパニョーロが特許を持つ「カルトベアリング」というものが使われています。

ハブの回転抵抗は意外に大きく、その70%はベアリングに詰められたグリスの「摺動抵抗」といわれています。カルトベアリングには特殊な表面加工が施されていて、グリスなど油脂の潤滑を必要としないのでウルトラスムーズ。機械的損失が少ないという、素性のいいハブが奢《おご》られたホイールです。

フルクラム「レッドウインド」(実売価格13万~21万円)も、アルミリム+カーボンコンポジットで50㎜ディープリム。実測重量は1570g。クリンチャー用なのにチューブラー用に近い感覚のホイールです。フルクラムはカンパニョーロの子会社で、こちらにもカルトベアリングが奢られたモデルがあります。

これからの常識、ホイールバランス調整

いいホイールを手に入れても、新品をそのまま装着しただけでは、その性能を10

０％引き出せません。

ホイールバランスがとれていないと、ある速度域でホイールが振動し始めます。場合によってはフレームや自転車全体がブルブルと共振して、危険です。下り坂などで時速50㎞くらいになってハンドルの振動が激しくなり、怖い思いをした人もいるのではないでしょうか。

チェックは簡単、自転車をメンテナンススタンドにかけ、後輪を浮かせた状態で、クランクをできるだけ速くまわしてみます。時速30㎞台から振動し始め、時速50〜60㎞ではクランクをまわせないほど激しく震えることが多いのです。

この振動は自転車を走らせるエネルギーの大きなロスになるのですが、残念なことに、リム高の低いホイールよりディープリムのホイール、安価なアルミリムよりも高価なカーボンリムのほうが、バランスが崩れていることが多いです。

リム高が35㎜以上のホイールであれば、バランス調整は必須。きちんとバランスをとらないと、高価なホイールを買った甲斐がありません。

ホイールバランスを調整すると、振動が激しくなる速度域より低いスピードでもエネルギー効率がよくなって、スムーズに走れるようになります。前輪の微妙な振動がなくなるので、狙ったラインを快適にトレースできて、安全性も向上します。

自動車やオートバイでは当たり前のホイールバランス調整ですが、実はいままで自転車ではあまり行われてきませんでした。0・1gレベルの高精度が要求されるため、どれだけ補正すればいいのか測定困難だったからですが、ワイズロードでは志木店ほか10店舗で新兵器を導入、ホイールのバランス調整を始めました（有料）。

宣伝になってしまいましたが、ホイールのバランス調整は遠からずロードバイクの常識になりますよ。

Column 2

鉄からアルミへのフレーム進化論

フレームはこの20年くらいで、大胆に進化しました。1990年代半ばまでは、「鉄」の時代。設計者の意図はパイプの材質と厚みに込められ、「レイノルズ」「デダ」「コロンバス」など多くのメーカーが、材質や厚さの加工技術でその持ち味を競いました。

当時の高級フレームは、クロムモリブデン鋼（通称、クロモリ）のトリプルバデットのパイプ。高強度のクロモリを使用して、接合部の両端は厚みを持たせ、比較的強度のいらない中間部に向かって3段階で薄くなったパイプです。細身ですっきりしたフォルムで、クラシックな雰囲気があって格好いいんです。私が中学生のころなんかは、手の届かない存在でした。

90年代半ば以降、アルミの台頭でクロモリは急速に駆逐されていきました。その原動力は、「ハイドロフォーミング」という加工技術。これは大変な発明でした。パイプの内側に油圧を加え、膨らませることによってパイプの形状を連続的に変化させる技術です。三角、四角と、パイプが変幻自在になりました。たとえばダウンチューブなら、ボトムブラケット（BB）では左右方向に大きく、ヘッドでは上下方向に大きくなんてことは、アルミになって実現したことです。

2000年代半ばになると、カーボンの時代。いまはカーボン全盛です。カーボンの話はColumn3で！

第4章

いまさら聞けない ロードバイクの基礎知識

ロードバイクのタイヤはなぜ軽くて細いのか？

ロードバイクのタイヤは細いですね。車体もスリムで軽量です。

これは限られた人間のパワーを、とことんムダなく推進力に変えるためのもの。一般的な中高年が連続して出せるパワーは、頑張っても150Wくらい。せいぜい白熱電球1〜2個分です。ちなみに1馬力は746Wなので、馬力でいえば0・2馬力くらい。瞬間的には0・5馬力ぐらい出せるでしょうが、いずれにせよ人間のパワーは極めて小さいのです。

オートバイやクルマなら、アクセルをちょいと開けば「ウォン！」という景気のいい音とともに、タコメーターがビュンと上がります。常用域が50馬力とか100馬力（3万7300Wとか7万4600W）なわけですから、ケタ違いです。

パワーロスも「わかる人にはわかる」のですが、これだけの大きなパワーが前提となると、パワーロスをチマチマと低減するよりパワーアップするほうが簡単で効率がいいのです。

これに対してロードバイクは、人間の限られた小さなパワーが前提となるので、パワーロスを極力排除した、ものすごく効率がいい乗り物に仕上がっています。無風状態なら、200Wくらいのパワーで時速35㎞で走れます。

モータースポーツのチューニングは足し算ですが、ロードバイクのそれは引き算。つまりロードバイクは、わずかな抵抗でもたちまちスピード減につながる〝抵抗勢力との戦い〟の乗り物ということです。

サイクリストの行く手を阻む抵抗には3つあります。それが「空気抵抗」「転がり抵抗」「登坂《とうはん》抵抗」。これ以外にもチェーンで力を伝達するときなどに発生する機械的損失があってこれも大きく、第5章でチェーンの清掃をやかましくいっているのはそのためです。

なかでも最大の抵抗が、空気抵抗。追い風と向かい風では、走行感がまったく違いますよね。スピードを上げれば上げるほど、空気抵抗のごくわずかな増加が、強力な抵抗勢力になるのです。

転がり抵抗とは、主にタイヤが接地して変形するときに奪われる力。ロードバイクの細いタイヤは、この転がり抵抗を低減するため。空気圧が下がると転がり抵抗が上がってペダルを重く感じます。

適正空気圧は、人によってマチマチですが、一般的に空気圧は高めのほうが転がり抵抗は低くなります。ただし、乗り心地とのかね合いがあるので、そこはトライアンドエラーで自分なりの適正空気圧を見つけるようにしましょう。

登坂抵抗は読んで字のごとく、坂を上るときに発生する抵抗のこと。重量は転がり抵抗と登坂抵抗のどちらにも関係しますが、とくに登坂抵抗には関係するので、ヒルクライムのレースでは、とことん車重を軽くしたくなるわけです。

フレームでいうと、10年ほど前までは、クロムモリブデン鋼（クロモリ）という鉄素材が主流でしたが、いまはほとんどがアルミかカーボン。エントリーモデルでも総重量9kg台、ハイエンドモデルなら6kg台も珍しくありません。

フレームやホイール、その他の部品も軽量なものほど高価なので、このへんは財布の力がものをいう領域です。

レース志向？　それともロングライド志向？

ロードバイクは、大きく2つのタイプに分けられます。より速く走ることに向いた「レース志向」タイプと、より遠くへ快適に走ることに向いた「ロングライド志向」タイプです。

こうした根本的な性格を決めているのが、「ジオメトリー（あるいはスケルトン）」と呼ばれるフレームの各部の寸法です。

ロングライド志向の特徴は、「ヘッドチューブ」が長いこと。ここが長いとサドルとハンドルの高低差が小さく、より上体を起こしたアップライトのポジションになります。ラクな前傾姿勢をとれるので、長い時間こぎ続けても疲れにくくなるわけです。前傾姿勢に慣れていない初心者にも優しいタイプといえます。

逆にヘッドチューブが短いと、サドルよりハンドルを低くしやすいので、前傾姿勢のエアロポジションがしっかりとれるレーシーなスタイルになります。

ある傾向なり性能は、使用者の立場により「良い面」にも「悪い面」にもなり得ます。前輪軸と後輪軸との距離（ホイールベース）が長いと、ロングライド志向の人が見れば「安定していて乗り心地が良い」となりますが、これをレース志向の人が見たら「ダルな感触で反応が悪い」ということになります。

逆にホイールベースが短ければ「俊敏でリニアな加速でヒラリとコーナーワークが楽しめる」となりますが、これも批判的に見ると「低速で過敏に倒れ込んで不安定」となってしまい

ジオメトリー

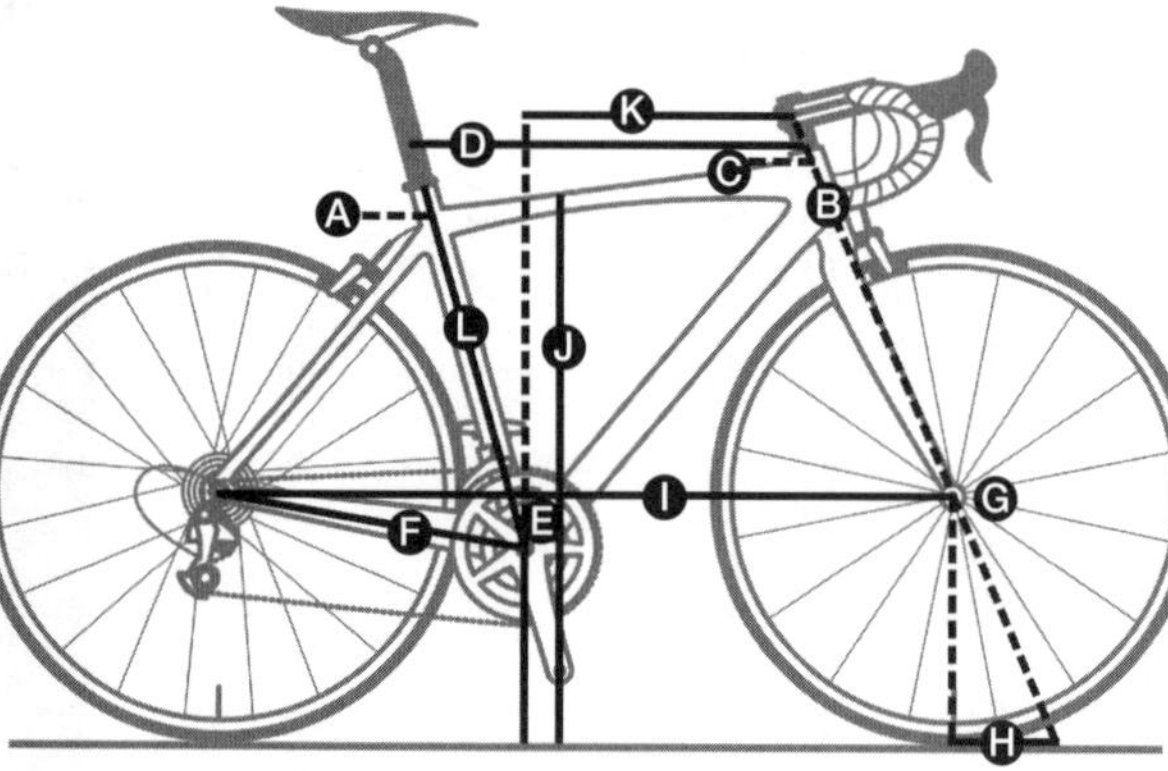

Ⓐシートチューブ角
Ⓑヘッドチューブ長
Ⓒヘッド角
Ⓓトップチューブ長
ⒺBBドロップ
Ⓕチェーンステー長
Ⓖオフセット
Ⓗトレイル
Ⓘホイールベース
Ⓙスタンドオーバー
Ⓚフレームリーチ
Ⓛシートチューブ

ます。どちらも一長一短あるということですね。

たとえば日本ブランドの雄、ブリヂストン「アンカー」には15万～20万円のエントリークラスとして、「RFA5」「RA6」「RCS6」という3モデルがラインナップされています。

RFA5はヘッドチューブがいちばん長くて、上体をアップライトにしたラクな前傾姿勢のセッティングに向いていますから、のんびりとロングライドしたい人向けです。RCS6はその逆でヘッドチューブが短く、しっかりと前傾できるピュアなレーシングモデルで、「レースビギナー向け」といった位置づけです。RA6は両者の中間。このように同じような価格帯でもかなり違いがあります。私が店頭で、お客様がロードバイクで思い描く「夢」を尋ねるのは、このためです。

ロードバイクに限らず、すべての道具の性能は、良いところと悪いところが表裏一体。「あちらを立てれば、こちらが立たず」なので、どちらかをとって、もう一方を切り捨てるワケではなく、うまくバランスをとることが肝要です。

方向性の違いもさることながら、そもそも非常に大事なのがフレームのサイズ。カラダに合わないサイズのものを買ってしまうと、どうやっても適切なセッティングができません。

カラダの各部（股下寸法とか腕の長さ、肩幅など）を事前に測って、カラダに合ったものを紹介してくれるショップで買うようにすると間違いないでしょう。

振動吸収性が高いということ

ロングライドを主な目的とするなら、「疲れにくいこと」が重要です。乗り心地の良さともいえますが、路面とペダリングに関する情報を適切に伝えてくれるモデルが適しています。

アスファルトの路面は、よく見ると雷おこしのように細かく凸凹《でこぼこ》しています。クルマで走ると「ザーッ」というタイヤノイズが、路面が良くなると「サーッ」に変わることがあるかと思いますが、これは滑らかな路面では振動が発生しないからです。

この「振動」とは路面の段差などの凸凹ではありません。数㎝単位の段差はサスペンションでないと吸収できません。カーボンで遮蔽《しゃへい》できるのは、アスファルトの路面上の数㎜単位の凸凹です。

あるロードバイクで走ると「ザーッ」と音がする道路でも、別のロードバイクだと「サーッ」と走れることがあります。細かな凸凹を遮蔽してくれるモデルがあるということです。これを「振動吸収性が高い」などと表現します。疲れにくいのは、この振動吸収性の高い車種。長距離を乗れば乗るほど違いがわかります。

カーボンフレームは、軽量で剛性（変形しにくい性質）が高いだけでなく、この振動吸収性に優れています。ここ数年でカーボンの値段が下がって、20万円くらいの完成車からフルカーボンのモデルが手に入るようになりました。

一般にアルミ製は乗り心地が「硬い」といわれますが、最近ではカーボンのような乗り心地のアルミも登場しています。また、フレームがアルミのモデルも、前輪軸を支えるフロントフォークがカーボン製というパターンも多いのです。

たとえばキャノンデールの「CAAD10」は、フロントフォークのみカーボン製というアルミモデルですが、その乗り心地はフルカーボンと区別がつきません。

同社のハイエンドモデル「スーパーシックス・エボリューション」は、その延長線上にあるフルカーボンのフレームで、驚異的な振動吸収性を誇ります。私が試乗してマンホールの上を行ったり来たりしたところ、凸凹が感じられないほどの振動吸収性で驚かされました。

ビギナーはハイエンドモデルに乗っちゃダメ？

よくある誤解が、「高価なハイエンドモデルは初心者には乗りにくい」「トップモデルはレーシーだからロングライドに向かない」というもの。

事実、2008年くらいまでは、サーベロ「ソロイスト」にしても、コルナゴ「エクストリームパワー」にしても、ハイエンドモデルは「もっと踏み込んでこいよ！」と要求されるかのように挑戦的な乗り味でした。

私はかつて、フレームにマグネシウム合金が使われている2004年のピナレロのハイエンドモデル「ドグマ」に乗っていたのですが、心地よい速度域は時速40㎞以上。

それより遅いと不協和音が生じるようにバラバラな感じですが、スピードを上げるにつれて、だんだん1本の線になってシューッと伸びていく感じ。気持ちのいい速度領域が、上のほうにあるということです。

速く走れる人にとっては常用域なのでしょうが、私のようなフッーのオッサンの場合、時速40㎞から45㎞へ加速するのはえらく大変なこと。実際、3～4時間走っても、そんな局面は5分くらいしかありません。よってドグマの持ち味をほとんど引き出せなかった……。まるでリッターバイクのフレームに125ccのエンジンを載せているようなものでした。

しかしその後、カーボンフレームの性能がものすごく進化して、ハイエンドモデルでも非常に乗りやすくなりました。ドグマのフレームがマグネシウム合金からカーボンになって格段に乗りやすくなった2009年が、大きなターニングポイントだったと思います。

ピナレロの最高級モデル「ドグマ60・1」、ルック「695」やキャノンデール「スーパーシックス・エボリューション」などは、ハイエンドの高級フレームですが、非常に乗りやすくなっているので、初心者にもロングライドにも、そのよさを無理なく引き出せます。

２００8年ごろには、「クルマの場合、最高峰のF１マシンは買えないけれど、ロードバイクなら最高峰の機材が手に入る」とよくいわれたもの。たしかにツール・ド・フランスでトップアスリートが乗っている機材でも、フレームが50万〜60万円。車体全体でも１００万〜１５０万円くらいで買えますからね。

でも、ヨーロッパのトッププロが機材に求める特性というのは、日本人の市民サイクリストにはカチンカチンの硬さです。高剛性で乗り心地が硬いので、アマチュアには扱いづらい。でも、「さすがにプロ仕様はカチンカチンで乗りづらいぜ！」なんてことに大枚をはたく意義を見いだしていたサイクリストも中にはいたわけです。

そんなマニア的需要をメーカーも知っていて、確信犯的に「素人にはなかなか乗りこなせないだろうけれど、こういうのに乗ってみたいから買うんでしょ」と、あえて素人には乗りにくいプロ仕様を販売していたフシもあります。

最近では日本でも自転車がブームから少しずつ文化へと熟成しつつあり、メーカーもカーボンの技術を熟成させて、レース機材だけれども優しい乗り味がするフレームが受け入れられるようになってきているようにも感じます。

ですから、「初心者がハイエンドモデルに乗っちゃダメですか?」と質問されたら、私は「まったく問題ありません」と答えます。きちんとポジションをセットするとともに、空気圧やホイールなどでバランスをとってあげれば、十分に楽しめます。

コスパがいいモデルは?

コストパフォーマンス(コスパ)という面で優れているのは、天下無敵に台湾メーカーのジャイアントです。

ジャイアントは欧米の名だたるブランド、もちろん日本のブランドも含めて、世界中の多くのブランドでOEM(相手先ブランド名製造)を手がけています。OEMで鍛えられた技術力に加えて、生産量のスケールメリットがあり、明らかにコスパに優れています。

ジャイアント以外でも台湾メーカーの技術力は全体的に高い。国際競争力を高めるために、国策で同業者が技術を共有して急成長したからです。正直なところ、以前は「台湾製か……」なんてナメていましたが、いまじゃ「台湾様様、台湾製でよかった」という感じです。

ジャイアントはレース機材としてもコスパは最高、というのは間違いのないところでしょうから、レースに目覚めてしまったサイクリストにとっても、非常に有力な選択肢となります。

ただ、個人的にはデザインがちょっと……。「所有する喜び」とか「室内でお酒を飲みながら眺める」という楽しみ方には、不向きかも。

ロードバイクという乗り物は、乗っていて「楽しいかどうか」「面白いかどうか」というシンプルな視点がとても重要。その点、「コルナゴ」「ピナレロ」「デローザ」というイタリアの3大ブランドは、乗っていて楽しいし、面白い。

これは乗りにくいことと紙一重かもしれません。たとえばコルナゴは、ほかのブランドのものより曲がりにくさを感じる。ヒラッとした感じじゃなくて、「曲がるぞ!」

という確固たる意識を求められる感じ。このあたりは、「シフトするぞ！」という意識を求められる、同じイタリアのブランド、カンパの変速機と通じる部分がありますね。

ヘタなイタリア製より台湾製

私が乗っていたコルナゴ「CX‐1」も台湾製です。購入当時、コルナゴのフレームは、CX‐1の上位グレードに「C50」「EPS」「エクストリームC」がありました。聞けば、「CX‐1までは台湾製で、C50から上はイタリア製」とのこと。

面白いことに、CX‐1を購入するとレントゲン写真がついてきます。フォークをX線撮影して、通し番号で品質検査をしているからです。コルナゴという老舗ブランドに納入しているOEMメーカーにとって、CX‐1は自社でつくっているハイエンドの製品。ここで技術力が判断されてしまうのですから、そりゃ一生懸命つくるでしょう。

イタリアでつくられたものは、芸術的で美しいのですが、工業製品として見ると結構難儀な面が否めません。たとえば、ボトルゲージや変速機をとりつける穴など、すべてタップをかけてネジ山を調整しないとビスが入っていかないことがあります。ときにはサドルをとりつけるシートピラーさえ入りませんし、ヘッドやＢＢもネジを切り直さないといけないことも多い。

まっ、彼らの意識としては、フレームとは半完成品で提供するもので、そこから先をつくっていくのは自転車屋の役目ということなのかもしれません。こんなところにもイタリアの職人文化が垣間見えるわけですが、それにひきかえ台湾製の完成度は素晴らしい。

ピナレロのフラッグシップモデル「ドグマ」だって台湾製なんですから。

Column 3

カーボン全盛時代

Column2からの続きです。いまはカーボンフレーム全盛。カーボン（炭素）繊維は重さが鉄の4分の1、強度は10倍。軽さ&高強度がカーボンのメリットですが、それを自由自在に加工できる点が強みです。カーボン繊維の太さや方向などを自由にアレンジして、意図する方向にしなやかさを出したり硬さを持たせたりできるわけです。

「コンプレッションウエア」ってありますよね。こっちの方向には伸びるけど、あっちの方向には締めつける、あのタイツやシャツと同じです。あれも繊維の織り方で方向性をつくり出しているのですが、カーボンもこれと同じような原理。カーボン繊維の生地次第で、必要な特性を得ることができるのです。

アルミやクロモリフレームは、フレームのどこをとっても同じ特性ですが、カーボンフレームではBB、チェーンステー、ダウンチューブなど部位によって強度を高めたり、振動吸収性を持たせたりと、細かく設計することが可能。さらに繊維と繊維をつなぐ樹脂も、ナノテクノロジーによって進化しています。

最新の航空機「ボーイング787」には東レのカーボン素材が使われていますが、日本の素材メーカーがロードバイクの世界でも圧倒的な技術力とシェアを誇っていて、各国のハイエンドバイクに使われています。

第5章

最小のメンテナンスで最高のパフォーマンス

たった2秒の走行前点検

みなさん、走り出す前に走行前点検をしていますか？

朝起きてカーテンを開けると、外はいい天気。心ウキウキ、サイクリングにレッツらゴーですよね。

でも、ちょっと待った！　身支度してから出走前に玄関先でロードバイクの走行前点検をしましょう。なんと、たった2秒で完了します。

まず、ハンドルを持って前輪のタイヤを10cmほど持ち上げ、そのまま手を離して地面に弾ませます。続いてサドルを10cmほど持ち上げ、後輪を地面に弾ませます。

どこかが緩んでいると「ドババン」とか「バチョチョン」とか妙ちくりんな反響音がします。どこも緩んでいないと「ドンッ」「バスッ」「ドカッ」と反響なしの単音です。

鉄道ファンであれば、「ハンマーチェック」をご存じかもしれません。電車の車軸周辺のボルトの緩みをチェックする方法として、ハンマーでボルトを叩くものです。緩んだり、ヒビが入ったりしていると妙な反響音がするんですね。このハンマーチェックをロードバイクの走行前点検に応用するわけです。

前後で各1秒のチェック。これをやるだけでも、その日のサイクリングが安全になりますから、ぜひ習慣化しましょう。あっ、言い忘れましたが、パンク予防のために空気圧のチェックも走行前に毎回行いましょう。これは前後輪各30秒で済みます。

また、ロードバイクに乗っていると、「異音」がすることがあります。それがすごく気になるんです。さらに、どこから異音がするのか、特定しづらいことも多い。そこで、私のところに「異音がするので直してください」といらっしゃるお客様もいます。

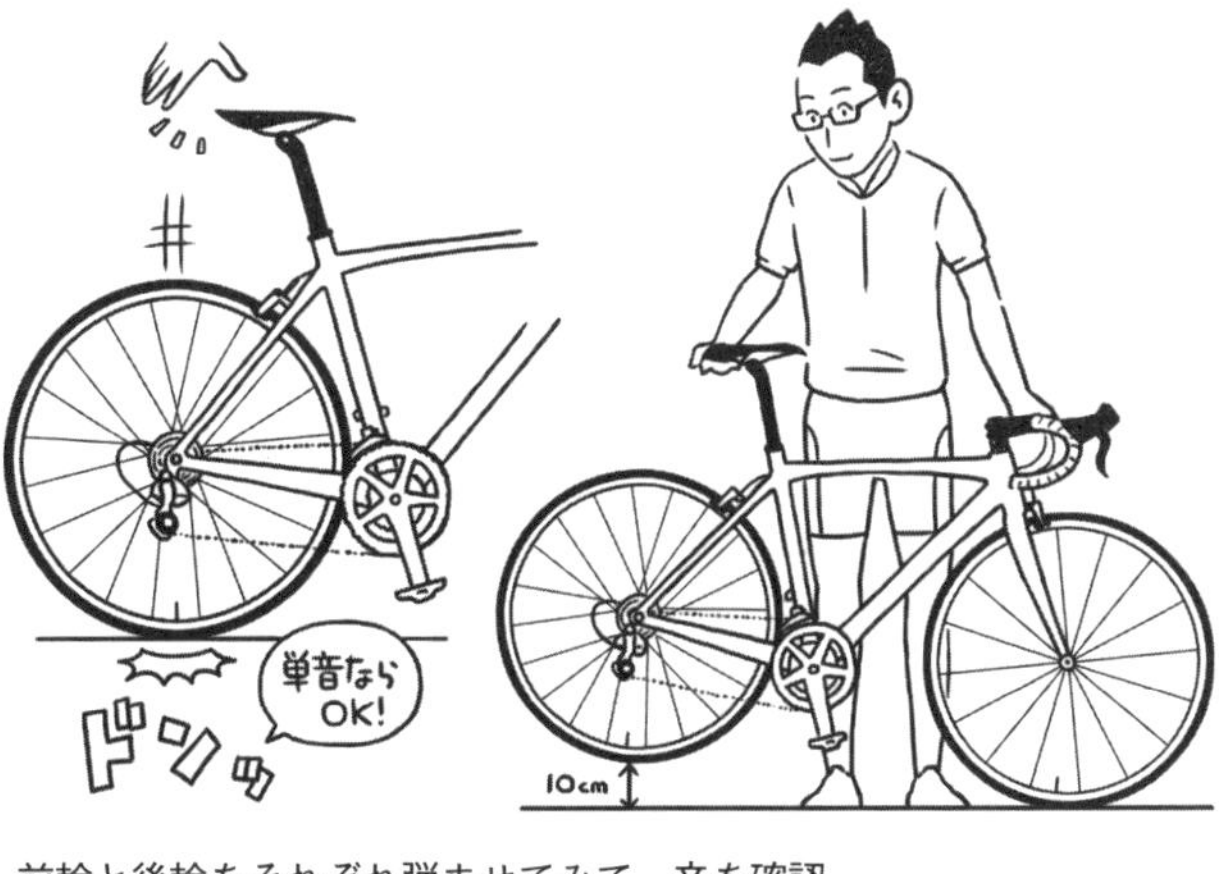

前輪と後輪をそれぞれ弾ませてみて、音を確認

異音の原因の多くは、相棒を汚くしていることが原因です。

私は異音の原因を特定し、それを直すのは得意ですし、メカニックとしての腕の見せどころだと思っています。でも、相棒を汚しっぱなしのお客様には、はっきりとこういいます。

「異音が出る原因の第一は、あなたが相棒を汚くしていることです。汚いバイクは異音が出て当たり前です」

チェーンが真っ黒になるまで放っておいた相棒を持ち込んで、「異音がする」なんてよくいえるな、というのは心の声でありまして、「きれいに磨いてから出直してこい」といいたいくらいです。

まあ、お客様は神様ですからそこまでいいませんが、オブラートに包んで、「まずはキレイにしましょう」といいます。

ロードバイクは命を預ける相棒、いい気分を味あわせてくれる恋人。だから、「愛情を持って大切に扱おうじゃありませんか」というのがメンテナンスの根底にあります。

普段から磨いていると、傷ついた部分や不具合のある部分がわかります。機材の状態を小まめにチェックするためにも、愛情を込めて磨くわけです。

ことロードバイクのメンテナンスというと、メカニカルな知識やテクニックが必要ではないかと尻込みするかもしれません。でも、その第一歩といわず第十歩くらいまでは「乾拭き」。乗った後、全体を乾拭きするだけでいいんです。

乗った後は1分間チェーンを乾拭き

初めてロードバイクを購入した方の質問に「メンテナンスはどうすればいいんですか？」というものがあります。そんなとき私は、「チェーンのメンテナンス」について説明します。

ロードバイクの駆動系は非常にシンプルです。ペダルでまわすクランクが組みつけられたチェーンリング（前部のギア板）でチェーンを駆動、そしてリヤ（後輪部）のカセットスプロケット（通称、スプロケ）を介してホイールがまわり、前進します。

ロードバイクが人力だけで高速走行できるのは、人が生み出すエネルギーを極めて効率よく推進力に変換できるから。ロードバイクのシンプルな駆動系は、機械的損失（パワーロス）を極限まで抑えているのですが、生じてしまう機械的損失の大半はチェーンまわりから発生します。

チェーンはおよそ110個ものリンクが組み合わさってできています。リンクの1つひとつが曲がり、そして真っ直ぐになる動作を繰り返しながらエネルギーを伝達しています。この曲がって真っ直ぐになる動作の抵抗が低ければ低いほどパワーロスがなく、より快適に走行できるわけです。

ロードバイクは軽量化するため、ママチャリのようにチェーンカバーがありませんからチェーンが汚れやすい。前輪が巻き上げた路面のチリやホコリは、そのすぐ後ろにあるオイルのついたチェーンに吸いつくわけです。

だからチェーン清掃の基本は、「自宅に着いたらすぐに雑巾で乾拭きすること」。

ロードバイクのメンテナンスの本なんかを読むと、ディグリーザー（洗浄油）や洗剤を使って真っ黒になったチェーンを洗浄する方法が紹介されていますが、そもそも真っ黒になるまで放置しちゃダメなんです。

チェーンの汚れは、その日のうちなら乾拭きで簡単にとれます。乾拭きするときは、使い古しの手ぬぐいなどでいいので、指先でチェーンのコマを挟むようにして一直線に2往復くらいして拭きとります。所要時間はたった1分。

走行後の1分間の乾拭きは、大切な相棒、恋人との語らいの時間です。これからロードバイクを手に入れるという人は、新車が自宅に到着したその日から、すでに乗っているという人は今日から、ぜひ習慣化しましょう。お客様はチェーンとギアだけメンテナンスすればいいのです。その他の部分は自転車屋が手当てします。

走行後は毎回チェーンを乾拭き

チェーンの乾拭きが大切なワケ

そもそもチェーンの1リンクは、2枚のアウタープレートに2枚のインナープレート、2個のリング、それらを連結する2本のピンと、計8個のパーツで構成されています。ロードバイクのチェーンはおよそ110リンクあるので、約880個の小さなパーツが曲がったり真っ直ぐになったりを繰り返しています。

このチェーンのリンクの摩擦を低減するため、潤滑剤としてオイルをさすわけです。でも、チェーンに塗布された直後こそオイルは潤滑剤の役目をしますが、路上を5分も走れば、今度はまるでハエとり紙のように空気中のチリやホコリをオイルが吸い寄せて、チェーンの表面に付着させます。

さっきまで潤滑剤だったオイルは、あっという間にチリとホコリを含んだ研磨剤に。そんな状態でさらにオイルを足したら、どんどんチリやホコリが重なり、混ざり合い練り上げられて、やがては真っ黒な粘土状の汚れがチェーンやスプロケ、プーリーに積層していきます。

この汚れは表面だけでなく、チェーンのリンクをつないでいる内部のピンの部分にも侵入して、チェーンのスムーズな動きをひどく阻害します。

ここまで汚れを放置したチェーンをつまんでヒネってみると、ジャリジャリとしたそれはそれはイヤな感触が指に伝わってきます。

ここでいったん整理すると、

①チェーンが汚れる→②音が出る→③オイルをさす→④そのオイルがチリやホコリを吸着→⑤汚れがチェーン内部に侵攻→①に戻る

この悪循環をどこかで断ち切らねばなりません。

ディグリーザー、チェーン洗浄器など、洗浄系ケミカルやグッズはいろいろとあります。それを使うのもたしかに正解ですが、クリーナーできれいになっても溶剤でオイル分がすっかり失われるので、またオイルをさすと、また同じことが起こります。しばらくして黒く汚れたら再びディグリーザーを使う？　これまた悪循環です。

これらは乗った後に毎回1分間乾拭きしていれば、発生しない問題です。もし、いまチェーンが汚れに汚れている人は、こうしましょう。

①クリーナーできれいに洗浄→②注油したら数回空まわしして、余分なオイルを乾拭きして拭い去る→③走った後は毎回チェーンを乾拭き

オイルをさすのは月に1回、あるいは雨天時走行の後でＯＫです。

チェーンにオイルをさすコツ

オイルが必要なのはチェーンの内部、表面には必要ありません。1コマずつピンを狙って丁寧にさしていきます。くれぐれも全面的にオイルをベッチャリ塗りつけないでください。多過ぎるオイルはチリやホコリの収着剤になってしまいますから。

スプレータイプのオイルの場合は、細いノズルでピンを狙ってプシュッ、プシュッと1コマずつ吹きつけます。全体にプシュ～とやると、ベチャベチャになって逆効果ですし、高価なオイルがもったいない。

オイルをさしたらクランクを何回か空まわしして全体に馴染ませ、その後、余分なオイルを乾拭きして拭い去ります。表面の油を拭きとることが、汚れを避けるために重要なポイントです。注油後1週間くらいは、内部からオイルがにじみ出てきますから、乗った後の乾拭きで拭きとりましょう。

「オイルが必要なのはチェーン内部のピン」ということを思い出しながら、心を込めて丁寧にオイルをさしてやれば、あなたの相棒はつねにスムーズに加速してくれます。チェーンはいつもピカピカ。内部にちゃんとオイルがあれば異音もせず、変速のレスポンスも快調です。

ちなみにお勧めのオイルは、レスポ「チェーンスプレー100㎖」(黄色いチェーン用ではなく　赤い汎用のほう)。

チェーン内部にオイルが長期間保持されやすいので、スムーズに回転します。ただし、これは舗装路を走る場合でして、マッドな泥道のオフロード走行には当てはまりませんので、念のため。

スプロケとプーリーもワンセットで乾拭き

チェーンをきれいにキープしようと乾拭きしても、チェーンと接するスプロケやプーリーが汚れていると、結局チェーンも汚れてしまいます。

専用の工具を使えばスプロケをホイールからとり外し、その1枚1枚を分解して完璧に洗浄できますが、そこまでやらなくても大丈夫。チェーンを乾拭きする雑巾でいいので1枚1枚スプロケの隙間に挟み込み、乾拭きしてやりましょう。チェーンの乾拭き同様、これも簡単で、2分もあればできます。

スプロケの洗浄用ケミカルには、ワコーズ「BC-2」など速乾性ではない遅乾タイプがいいですね。

スプロケとともにプーリーも乾拭きしましょう。

自転車の部品の中でいちばん高速回転しているのが、このプーリーです。しかも、大事なチェーンとつねに接触しているので汚れをためこみやすく、エネルギーの伝達効率を下げる原因になりますから、重点清掃ポイントです。雑巾で挟み込むようにして

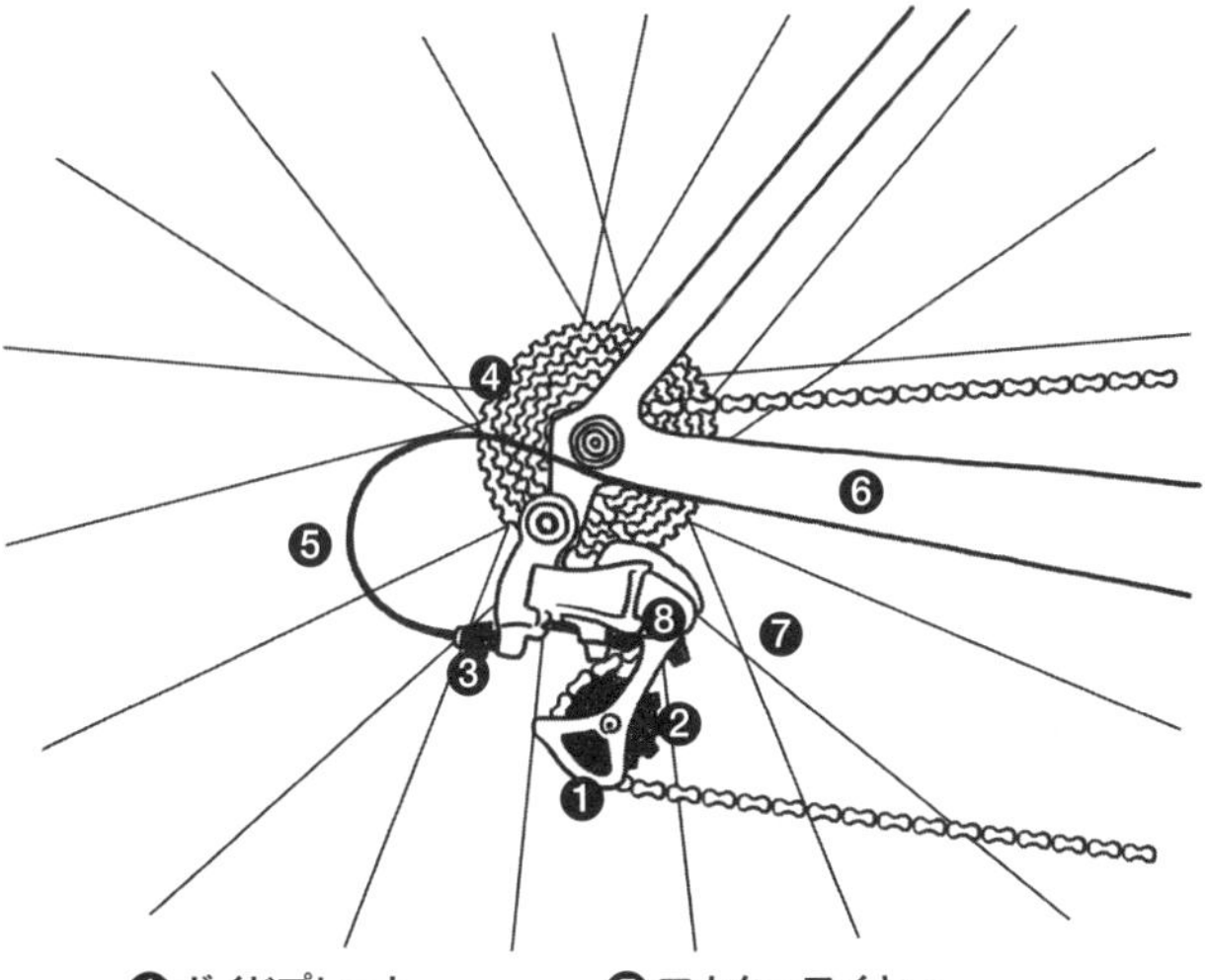

❶ガイドプレート
❷テンションプーリー
❸アジャスターバレル
❹カセットスプロケット
❺アウターワイヤー
❻チェーンステー
❼アウター受け
❽ガイドプーリー

汚れを拭きとりますが、2つのプーリーで2分もかかりません。

スプロケとプーリーをきれいにすると、それだけでチェーンをとり巻く環境が歴然と改善されます。

雨のなかを走ったら洗車しよう

チェーンとスプロケ、プーリー以外の車体はどうするか。水たまりや泥道を通って泥がはねた程度の汚れは、乗った後にすぐ水を含ませて絞った雑巾で軽く拭いてあげればOK。駆動系のメンテを含めて5分もあればできます。

雨のなか、濡れた路面を数十㎞走ったなんて場合、濡れた泥を車輪が巻きあげ、ボトムブラケット（BB）周辺やブレーキ、サドルのヤグラ（サドルの裏）はドロドロになります。こうなったら濡れタオルで拭くよりも、いっそのこと全体を洗車してしまったほうが早いです。

まずは、車体全体にほどほどの水圧で水道水をかけて、泥汚れを落とします。

続いて、たっぷり水を含ませた雑巾やスポンジを使って全体を洗いますが、当日の汚れであれば洗剤は不要。今朝まできれいだった愛車に今日付着した汚れなら、水をかけてやればだいたい落ちます。

私の場合、愛車にワックスオイル処理とカーケア用品のコーティングスプレー「プレクサス」を使っているので、その日の汚れなんかはすぐに落ちてしまいます。

でも、泥汚れと油汚れがミックスしたような状態であれば、洗剤を泡立てて洗いましょう。専用の洗剤も売られていますが、自家用車に使っているカーシャンプーや台所用洗剤を水で泡立てて洗っても大丈夫です。

ただし、ハンドルの回転軸や前後輪のハブ（中心軸）、ＢＢなどの回転部分の内部には、グリースで覆われたベアリングが入っているので、洗剤をかけないように！

全体に水をかけて洗浄して泥汚れを落としたら、すぐに乾いたタオルで拭きましょう。その後、チェーンや変速機など可動部に注油し、余分なオイルを拭きとって完了です。洗剤で洗うと油分が洗い流されて、そのまま放置すると錆びる恐れがあるので、必ずオイルをさしておきましょう。

この洗車は15分もあればできます。自分がシャワーを浴びるのは、相棒を洗ったあとにしましょうね。

とはいうものの、関東地方であれば、アスファルトの道路を走るかぎり洗剤で洗うのなんて3年に1度くらいです。だいたいは湿った布で拭けばOK。自分がシャワーを浴びる前にバイクを拭いてあげましょう。

Column 4

知っておきたいシフトの話

いまでこそカチッ、カチッと1段ずつ変速する「インデックス方式」が当たり前となっていますが、30年くらい前までは、ダウンチューブにある変速レバーを乗り手が微妙に調節して変速する「ダブルレバー方式」が一般的でした。

1983年、世界に先駆けて「シマノ・インデックス・システム（SIS）」を開発したのがシマノ。それ以前、本場イタリアのレーシングチームなどは、シマノの変速機など歯牙にもかけなかったのですが、シフトミスのないシマノのインデックス方式は、ダブルレバー方式のカンパの牙城に迫りました。

本来は特許でも取得して、インデックス方式の技術を独占するところかもしれませんが、シマノはそうしませんでした。業界全体が発展するため、この技術を独占すべきではないと考えたわけです。これは、ものすごい大英断です。

90年代に入ると、シマノはブレーキレバーとシフトレバーを共用させた「STIレバー」を開発。これもいまでは当たり前となっていますが、ハンドルにつけられたレバーを内側にギュッと押すことで、ハンドルから手を離さずに変速する画期的なシステムで世界を席巻しました。

99年には、STIレバーを使ったランス・アームストロングが、ツール・ド・フランスを制覇しました。いまじゃ当たり前のブレーキレバーとシフトレバーを一体化したシステムには、こんな歴史があるんです。

第6章

だれでも簡単にできるフォーム改造

ポジションは自転車屋の責任、フォームはアナタ様の責任

39ページで「ポジションは自転車屋の責任、フォームはアナタ様の責任」と述べました。ここであらためてその真意を述べましょう。

まずポジションとは、ハンドル、サドル、ボトムブラケット（ＢＢ）の３点の位置のこと。一方のフォームとは、ロードバイクをこぐときの姿勢でしたね。

お客様の技量や身体的な特徴に合わせて、ポジションをセッティングするのはロードバイクを売る自転車屋の責任。それを乗りこなすためのフォームはお客様であるアナタ様の努力。双方の努力なしに、ロードバイクの性能を１００％引き出すことはできません。

カラダにピッタリ合うサイズのお気に入りロードバイクに出会い、その愛車をアナタ様にぴったりのポジションにセットしたら、あとはフォームです。

ロードバイクに初めて乗った人に典型的なのが、背筋が反って、肩や手に力が入っているフォーム。私が毎週走っている荒川サイクリングロードでもよく見かけます。

こういうフォームだと、カラダのどこかに痛みが出てきます。

初心者にとってロードバイクという乗り物は、ママチャリでは経験したことのないほど高い位置のサドルに、とても遠くて低いところにハンドルがある乗りにくいものです。

ハンドルが遠いから、腕がギュンと真っ直ぐに伸びる。前傾姿勢で前方が見づらいからと頭を起こすので、首や肩に力が入ってしまう。その結果、ハンドルに必要以上に体重が乗った「前輪過重」になり、初心者独特のフォームになってしまうのです。

そもそもロードバイクのハンドルはカラダを預けたくなるような形状ともいえそうです。でも前輪過重のフォームで乗れば、1時間も経たないうちに首や肩がこるし、腕は張るし、手のひらはしびれて、苦痛の表情を浮かべるのは必至。前輪過重は諸悪の根源なのです。

実はロードバイクに何年も乗っているようなベテランでも、効率の悪いフォームで乗っている人は結構います。雑誌などを読んで、ウンチクとしては理想のフォームが頭にインプットされている人でも、実際にはできていない人が結構多いんですね。

それは単純に、自分で自分のフォームをきちんと確認できないから。第三者から実際に欠点を指摘され、それを改良することで、たった3分で見違えるほどフォームがよくなります。

ハンドル、サドル、BBの位置は、初期のセッティングと同じでも、フォームはドラスティックに改良できます。ですから、仲間同士でフォームを指摘しあいながら改良してみてください。

ポイントは、背中を丸めて骨盤を起こすこと。そのために腹筋（腹直筋）にグッと力を込めてお腹にパンチを食らったように丸みを出します。まずはこれを意識するだ

背中を丸めて初心者乗りから脱却

けで、カラダの各部分の筋肉が発動するようになります。

こうすると、前輪過重は解除され、グググッと後輪に体重が乗ってくるのがわかります。すると、ハンドルを握る手のひらには力が入らず、まるでピアノでも弾くように指先を動かせるようになります。

このフォームに慣れるまでは、腹筋と背筋に少し筋肉痛が出るかもしれませんが、じきに首や肩、手のひらや股間の痛みから解放されます。

乗り方にヘンな癖がついてしまうと、矯正するのはなかなか難儀です。ヘンな癖がつく前になるべく早く、基本フォームを身につけたほうがいいに決まっています。

「申し訳ございません」から「腕ダラ～ン」!?

そこで、自分で簡単にできるフォーム改良のレッスン法を紹介しましょう。

まずはロードバイクに乗らず、立ったままの姿勢で以下のことをやってみましょう。

①リラックスして
直立します。

②「申し訳ございません」
と深々とお辞儀しましょう。

③お辞儀をしたまま、肩
の力を抜いて、両腕をダ
ラ〜ンとぶらさげます。

④ぶらさげた両腕を脱力したまま、ヒジを軽く曲げてハンドルを握るように両腕を前方へ。

⑤両手の力は抜いたまま（すべての指先の力を抜きます）。このとき眼下にパソコンのキーボードがあれば、軽〜く打てるようなイメージです。

⑥そしてアゴを引いたまま、上目づかいで前方に目を向けます。

――はい、いい姿勢ができました。これが基本フォームとなります。
③で肩の力を抜いて両腕をダラ～ンとぶらさげると、背中の左右の肩にある肩甲骨が腕の重さで開きます。この「肩甲骨を開く」というところがポイントです。
肩甲骨が開くと両腕がすっと伸びて腹筋が丸まり、ロードバイクに乗るフォームを自然と維持しやすくなるのです。

とっても簡単にできますよね。そもそもヒトの上半身は、腹筋や背筋、深層筋（インナーマッスル）などで前傾姿勢を保てるようにできています。いまレッスンした「申し訳ございませんから腕ダラ～ン」のフォームでも、腹筋や背筋が発動しており、頭から肩、胸などの上半身をしっかりと支えています。

直立の姿勢では簡単にできても、ロードバイクにまたがって走り出すと、とたんにハンドルにもたれかかってしまう人もいます。これは意識の問題です。

心の奥底で「あ、これに寄りかかればいいんだ」ってことで、なんとなくハンドルに体重を乗せてしまう。すると、前傾姿勢を保つ筋肉が発動せず、いつまでたっても堂々巡りになってしまいます。

ロードバイクに乗る前に「申し訳ございませんから腕ダラ〜ン」までをちょっとやってみてから走り出してみてください。ダラ〜ンとしたところからスッとハンドルに手を添えるイメージです。これだけでだいぶフォームが変わってきますよ！

小指と薬指でハンドルを挟んで脱・前輪過重

折に触れて、「申し訳ございませんから腕ダラ〜ン」までをトライしてみてください。10秒もあれば、いつでもどこでもできる簡単レッスンです。ちょっとした合間にやってみると、いい気分転換にもなると思います。

実際にロードバイクにまたがって走らなくても、このレッスンを思い出しては繰り返すことで、脳とカラダにフォームのイメージを定着させることができます。そうすれば、同じことがサドルの上でできるようになります。

実際にロードバイクにまたがったら、次の点を注意しましょう。

まず、ハンドルのブラケットは「握る」のではありません。「軽く手を添えるだけ」

と心得ます。ブラケットに指をかけて、軽く引き寄せるくらいのイメージです。

先ほどのレッスンで説明したように、指先はキーボードを軽〜く打てるくらい脱力するのがポイント。両手でブラケットを強く握りしめてしまうと、上半身がガチガチに力んでしまって、疲れてしまいます。

「申し訳ございませんから腕ダラ〜ン」のフォームが、サドルの上でキープできているか、自分のカラダと対話しながら走りましょう。

「申し訳ございません」の姿勢になっているか、肩甲骨は開いているか、肩や腕、指先の力は抜けているか、手は軽〜くブラケ

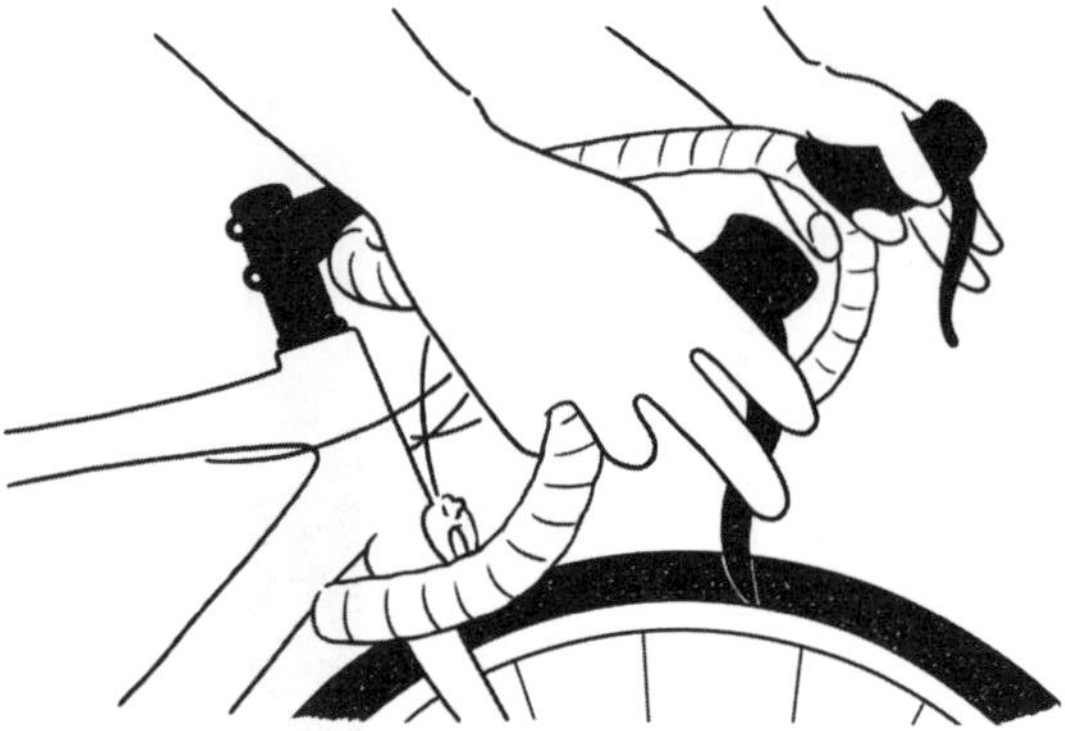

小指と薬指で挟んで前輪過重から脱却

ットにフックしているか……それぞれを意識しながら走りましょう。

これができるようになると、前輪過重の典型的な初心者フォームから脱却できます。

前輪過重にならないもう1つのポイントは、体重をハンドルに乗せない分、サドルに乗せること。これで体幹の筋肉が発動するようになります。

手離し運転をしている状態がその感覚なので、安全なエリアで手離し運転してみるとイメージがつかめます。

とはいうものの手離し運転は危険ですし、できない人も少なくありません。そんな場合は、小指と薬指でハンドル上部のフラットな部分を挟むようにして保持します。指に力が入らないこの状態だと、ハンドルに体重を載せられないので、ごく自然にサドルに体重が載って体幹の筋肉が発動します。ぜひ試してみてください。

前傾姿勢が大切な3つの理由

ロードバイクの場合、「前傾姿勢」は欠かせません。前傾姿勢は大切というより、必須。もしもクロスバイク並みにアップライトなポジションにしたら、それはロードバイクとは呼べないと私は思います。

そもそも、ロードバイクになぜ前傾姿勢が必要なのか？　その理由は3つあります。

1つは、空気抵抗を少なくするため。ロードバイクの走行抵抗の大部分は空気抵抗、第4章で指摘したように、空気抵抗は最大の抵抗勢力です。

空気抵抗は速度の2乗に比例します。時速20㎞のときに比べて時速40㎞のときの空気抵抗は4倍になるということです。さらっと書きましたけれども「4倍」ですよ。前傾姿勢にすることによって前方投影面積が低減するので、この最大の抵抗勢力である空気抵抗をグググッと抑えられるわけです。

2つ目は、荷重をバランスよく分散するため。ロードバイクでは、ハンドル・サドル・ペダルの3点にバランスよく荷重するのが正解です。首や肩、手のひらや股間の痛みは、バランスの良い荷重分散が解消の糸口となります。

もっと本質的な理由として、ロードバイクのコントロールとは「この3点にかかる荷重を連続的に変化させること」です。ロードバイクの車重は8㎏前後、乗り手はその6〜10倍もの体重がありますから、ほんの少しの荷重移動で曲がったりすることができます。したがってロードバイクの運動性能を活かすためには、3点にバランスよく荷重することが重要です。

3つ目は、乗り手が効率的にパワーを発揮するため。筋肉は縮もうとしてパワーを発揮しますから、しっかり縮ませるためには、その前に伸ばさなくてはいけません。輪ゴム銃を想像するとわかるように、撃つ前に伸ばさないと輪ゴムが飛んでいきませんよね。ロードバイクでパワーを発揮するのは、お尻の大臀筋や裏もものハムストリングス、わき腹にある外腹斜筋などですから、これらの筋肉を十分に伸ばすために、上体を前傾するのが効果的なのです。

なかでも、3つ目がもっとも重要です。

前傾姿勢のフォームを保つために大切なのは、とくにわき腹にある外腹斜筋をリラックスさせること。これを意識して実践するだけでもフォームがよくなります。ただ闇雲にカラダを折り曲げたり、背中を丸めたりしてもダメ。外腹斜筋をリラックスさせてほかの筋肉を発動した結果、自然と合理的なフォームに収まるものです。

必要なのはちょっとした「きっかけ」と「心がけ」

多くのサイクリストは、街を走っていてショーウインドウがあると、そこに映った自分のフォームをチェックします。自分が理想とするフォームになっているか、セルフチェックしているわけですが、前傾姿勢で走行中に横目に見ようとすると、フォームは微妙に変わってしまいます。

本当は、だれかに見てもらうのがいいんです。あとで詳しく書きますが、ロードバイクは自分の力だけでは上達しない要素が多分にあり、「仲間」が大切になります。

私がやっている練習会の場合、走りながら肩や腰に触れたりして意識すべきポイントを指摘するだけで、見違えるほどきれいなフォームに変わります。

携帯電話を使って、指摘する前と指摘した後を画像や動画で横から撮影して本人に見せると、その劇的な改善に驚きの声が上がります。たった1回のシンプルな指導で、劇的に改善するのです。

言葉で指摘してあげることも大切ですが、より効果的なのは画像や動画でその人の姿を「見せる」ということ。自分自身の課題がヴィジュアルで一目瞭然になるので、発動すべき筋肉や心がけることが身に染みるようにわかります。

ただし、撮影はサイクリングロードなどの安全な場所に限られますから、くれぐれもご注意ください。

Column 5

技術のシマノ、芸術のカンパ

シマノとカンパのわかりやすい違いは、変速機のスペック。シマノは今のところアルテグラ以上のグレードが11速、ティアグラ以上が10速、ソラは9速。カンパはアテナ以上が11速、ケンタウル以下は10速です。もっとわかりやすいのは価格。同等グレードでカンパはシマノの1.5〜2倍します。

カンパは、カーボンやチタンなど高価な素材を駆使して、芸術的な美しさに仕上げています。シマノは、「冷間鍛造による中空構造」という、高度な技術が駆使されています。「芸術的な美しい職人技のイタリアン高級ブランド」と「高品質でリーズナブルな日本の工業製品」ともいえますね。

現在は、世界的にシマノのコンポが主流となっています。そのため、カンパもケンタウル以下のグレードでは、シマノのような柔らかい感触につくり込んで、価格も大幅に下げてきました。一方で、アテナから上の中上位グレードでは、さらに硬くつくり込まれています。2009年に10速から11速に進化したときには、いったん柔らかい路線になったのですが、その後方向転換して、また硬くなりました。ケンタウル以下のグレードは柔らかくなっていますから、下位と中上位のグレードの違いが鮮明というか、両極端になっています。

両社は、ブレーキにも設計思想の違いが如実に現れています。シマノはガツンとロックするような制動装置なのに対して、カンパはスピードの調整装置といった風合いです。

第7章

走りを変える下半身コントロール術

下半身だけでバイクコントロール

子どものころにいったん自転車に乗れるようになると、その後、より効率的な乗り方を模索したり、トレーニングしたりすることは、まずありません。なので、普通に乗れているつもりでも、非効率なカラダの使い方をしていることが結構多いです。

偉そうなことをいっていますが、私自身、最近になって「これ、できてなかった！」と気づかされたことがありました。それは、「股関節から上を一切使わないで、下半身だけで左右にコントロールする」ということ。それまで私は、おもに上半身でロードバイクをコントロールしていたわけです。

私を開眼させてくれたのは、「サイクルライフ・プロデューサー」として活躍しているこ〜ぢさん。こ〜ぢさんは、かつて本場ヨーロッパでも活躍した元プロロード選手。いまは埼玉県東松山市で「こ〜ぢ倶楽部」を主宰して、ロードバイクの乗り方を教えています。

子どものころに覚えた感覚の延長線上でロードバイクに乗っている人は、たぶん

「バイクコントロール」という概念がありません。そんなことはだれも教えてくれませんから、他愛もないUターンで倒れたり、前走者がちょっと斜行してぶつかりそうになったとき、急ブレーキをかけて落車したりするんです。

一方、レースに出ているようなベテランは、高速域で駆け引きしながら瞬時に位置を変えたりできるし、とっさの危険を回避できる。つまり技術の引き出しが多くてコントロールの幅がずっと広いんです。

快適で安全に走るためにも、バイクコントロールの方法を意識して身につけていきましょう。

ピューッと来て、クッ、ガバッ、振り向けばスーッ

まずはこんなことを試してみましょう。

サドルの後ろに右手を添えて、ロードバイクを押して歩いてみます。まっすぐ進んでいるとき、ほんの少しだけサドルを右に傾けるようにすると、それだけでロードバ

イクは右に進行方向を変えます。

　実際に大きく傾けるのではなく、「サドルを右に傾けたつもり」という程度。ほんのわずかな手首のさじ加減で前輪は右側を向きます。

　本来、ロードバイクという乗り物は、これくらい敏感に方向が変わるものなのです。ということは、実際にサドルにまたがって走るときも、下半身をほんの少し動かすだけで方向を変えられるということ。

　Uターンをするときにぎこちなく、なかなかうまく曲がれないという人は、下半身をうまく使えていないことに加えて、上半身が固いことも原因です。

サドルの後ろを押してバイクコントロールしてみる

腕、肩、背中でハンドルを固定するようにガシッと握って踏ん張っていませんか？ 腕でハンドルを切って曲がろうとすると、下半身がまったく使えません。すると、ロードバイクに働く物理法則に反するように上半身、下半身を使ってしまうことになり、ふらついて転倒したりするんですね。

そこで、次ページに下半身でロードバイクをコントロールするレッスン法を紹介します。

驚くことに、このときハンドルは切らなくても曲がっていきます。

路上の安全を確認したうえで、左右で繰り返してみましょう。上級者は手離しでやってみると、もっとこの感覚がよくわかりますが、危険をともないますから指1本か2本、ハンドルに添えるのがお勧めです。

「ピューッと走って、クッ、ガバッ、振り向けばスーッ」ですね。クッと内股にするときは、トップチューブを乗り越えるくらいのイメージでやってみましょう。

この感覚を身につければ、コーナリングが格段にスムーズになります。

かの新城幸也選手（日本人で初めてツール・ド・フランスを完走した選手）のコー

上ハンドルに
人差し指だけ添える

①上ハンドルに人差し指だけを添える（怖かったら小指と薬指で軽く挟む）。そして、ピューッと走り出します。

右ヒザを一度
内股にして…
ガバッ
と開く

②右に曲がるときは、右ヒザを一度クッと内股にして、次の瞬間、右にガバッと開いてガニ股に。
※このとき左脚は踏み下ろして伸ばした状態です。

ガガッ
スッ

③すると、スッと右に曲がれます。

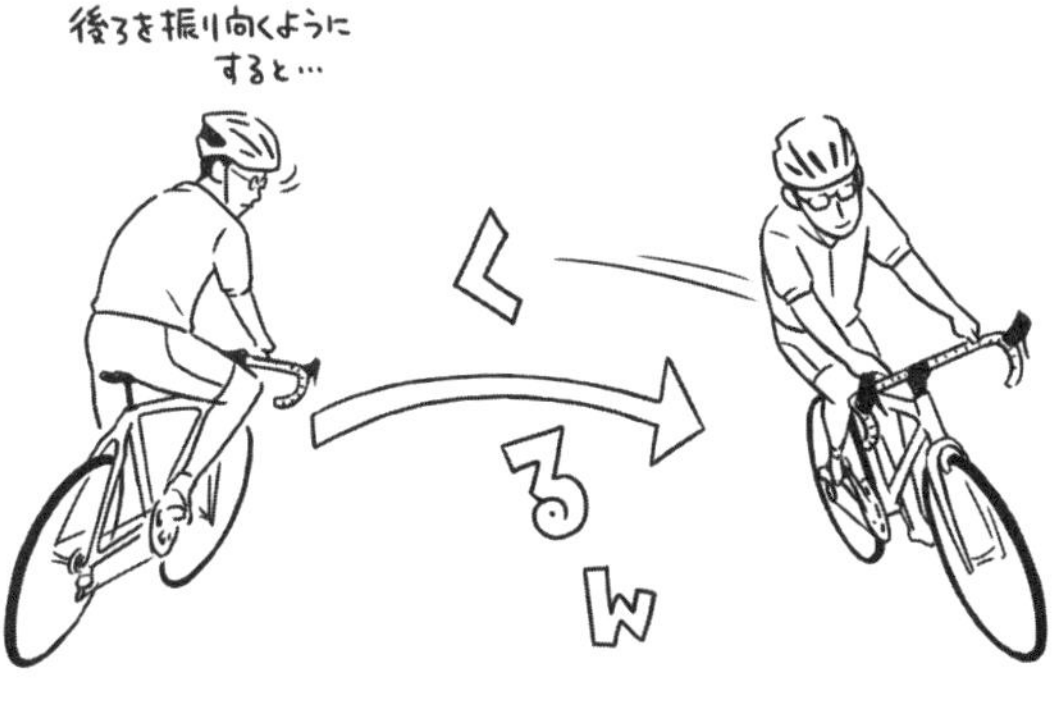
後ろを振り向くように
すると…
く
る
w

④このとき後ろを振り向くように右へ顔を向ければ、スッとUターンできます。

ナーでのカラダの使い方は完全にこれ。トッププロのコーナリングと同じなんですね。ロードバイクに働く物理法則は、トッププロも初心者も同じということです。ピューッと来て、クッ、ガバッ、振り向けばスーッ。ピューッと来て、クッ、ガバッ、振り向けばスーッ。これを何度も唱えながら練習して感覚を身につけましょう。

ビンディングがあるからコントロールできる

ロードバイクにはビンディングシューズが必須。初心者であれば慣れるまでフラットペダルを利用しますが、最終的にはビンディングシューズを履くべきです。シューズ底面に装着した留め具（クリート）がペダルにガチッと固定されることによって、とくに先ほど説明した引き足を使いやすくなります。

ちょっとこんなことを想像してみてください。

乗馬するときに、足を乗せる「あぶみ」がない状態ってどうでしょう？　鞍《くら》にまたがり手綱を持っていますが、足はブラブラしている……とても不安定で危ない状態ですよね。あぶみに足を乗せるからこそ安定し、馬をコントロールできるんです。ロードバイクもこれと同じで、お尻と手だけでなく、足を安定させることが大切。そして、前述したように足（脚）でバイクコントロールをします。

路面の凸凹に対応したり、とっさに進路変更したりする際には、ペダルに乗せた足が重要なのです。そもそも時速30㎞とか、それ以上のスピードを出しているとき、足がペダルからはずれてしまっては危険ですよね。

初心者がビンディングを怖がるのは、足がペダルに固定されてとっさに止まろうとしたとき足を地面に着けないと思うから。でも、ロードバイクに乗って、急停止しなければならないような危ない瞬間がどのくらいあるかと考えると、ほんの僅かです。ということは、ほとんどの時間はビンディングしているほうが安全なんです。

初心者がビンディングシューズを履くと、最初はだれでもドキドキしますよ。もしアナタ様が運転免許をお持ちなら、教習所の卒検で坂道発進したとき、ドキドキしたでしょう。でも、いまじゃヘッチャラなはず。

ビンディングはもっと簡単なことなので、すぐに慣れます。

ロードバイクは脇の下でこぐ

ロードバイクは、力まかせにガシガシ踏み込むものではありません。足腰の筋肉をなるべくリラックスさせた状態で走り続けるのがコツです。

前述のようにお尻や太ももなど大きな筋肉を使ってこぐわけですが、もう1つポイントがあります。それは「インナーマッスル」です。

インナーマッスルは、その名の通り、カラダ内部の深い部分にある深層筋の総称です。そのなかでも、背骨と太ももの大腿骨をつなぐ「腸腰筋《ちょうようきん》」は、ロードバイクに欠かせないインナーマッスルの代表格です。

私が師匠と仰ぐ先輩サイクリスト曰く、「脚はラクにして、脇の下でこげ！」とのこと。「脇の下でこぐ⁉」とはどういうことなのか。最初はその真意を理解できずにいましたが、後々「これは正しい！」と合点がいきました。

先ほど説明した引き足では、基本的に裏もものハムストリングスを発動するわけですが、そこから意識する筋肉が上半身まで上がってくると、腹筋の奥にある腸腰筋になり、最後には脇の下にまでつながる感覚がわかります。

　実際、両手の小指を意識することによって、ペダリングのたびに脇の下というか乳首の外側の筋肉が緊張するのがわかるようになります。

　師匠の教えによって私が体得したやり方は、まず両脚の太もものつけ根、「鼠径部《そけいぶ》」に意識を集めます。そして、お腹を凹ませるようにして腹筋に力を入れて、股関節を柔らかくまわす感じです。そして腹筋（腸腰筋）、脇の下（乳首の外側）、さらに二の腕から小指の先と連動する意識です。股関節の柔軟性が大切ですから、入念にストレ

脇の下から下半身を動かすイメージでこぐ

ッチしておきましょう。

全身のさまざまな筋肉は、どこかが単体で動くのではなく、あちこちが連動しています。これを専門的には「キネティック・チェーン」と呼ぶそうですが、師匠の教えを守りながら走ると脇の下が緊張し、最初は使い慣れていないためか筋肉痛にもなりました。

筋肉を発動させるには、「その筋肉を意識しながら動かす」ことがポイントです。筋肉は脳神経からの命令で働いているので、意識をその筋肉に向けることで命令の伝わる回線が開くそうです。これを繰り返すうちに、意図したように筋肉が発動できるようになるのです。

悲しいかな中高年になると、カラダのあちこちが思うようにならなくなってきます。でも、こうして筋肉を効率的に動かす術《すべ》を会得することで、ロードバイクのスキルは確実に向上します。

ケイデンスを一定にする

ロードバイクのギアはフロントが2枚、リヤが9~10枚（上位グレードは11枚）が標準的ですから、18~22段変速（シフト）ということになります。エンジンつきの自動車では4~6段くらいですから、やたらと多いです。

なぜこんなに段数があるかというと、クランクの回転数を一定に保って脚にかかる負荷を一定にするため（1分間のクランク回転数のことを「ケイデンス」といいます）。

道路には勾配もあれば、風も吹く。走行抵抗は刻々と変わります。そんな道中、できるだけクランクの回転数と負荷を一定にキープするためにシフトするわけです。

シフトの基本は、フロントはあまりシフトしないでリヤを小まめにシフトすること。まずは道路状況から、フロントのギアがざっくりと決まります。強烈な向かい風や登り勾配が多そうなところでは内側の小さいギア（インナー）、追い風や下り勾配では外側の大きなギア（アウター）に入れます。

フロントは頻繁に動かさず、リヤのギアをシフトして一定のケイデンスをキープします。軽いギアで発進してスピードが上がるにつれて重いギアにシフトするのは、自動車と一緒です。

フロント×リヤで18〜22段もあるわけですが、原則として使わない組み合わせがあります。それが「フロント・アウター×リヤ・ロー」と「フロント・インナー×リヤ・トップ」。要するに、チェーンがいちばんねじれる組み合わせは、チェーンに負担をかけるので、できるだけ使わないようにします。とくにフロント・インナー×リヤ・トップは、チェーンの張力が緩くなって外れやすくなるので要注意です。

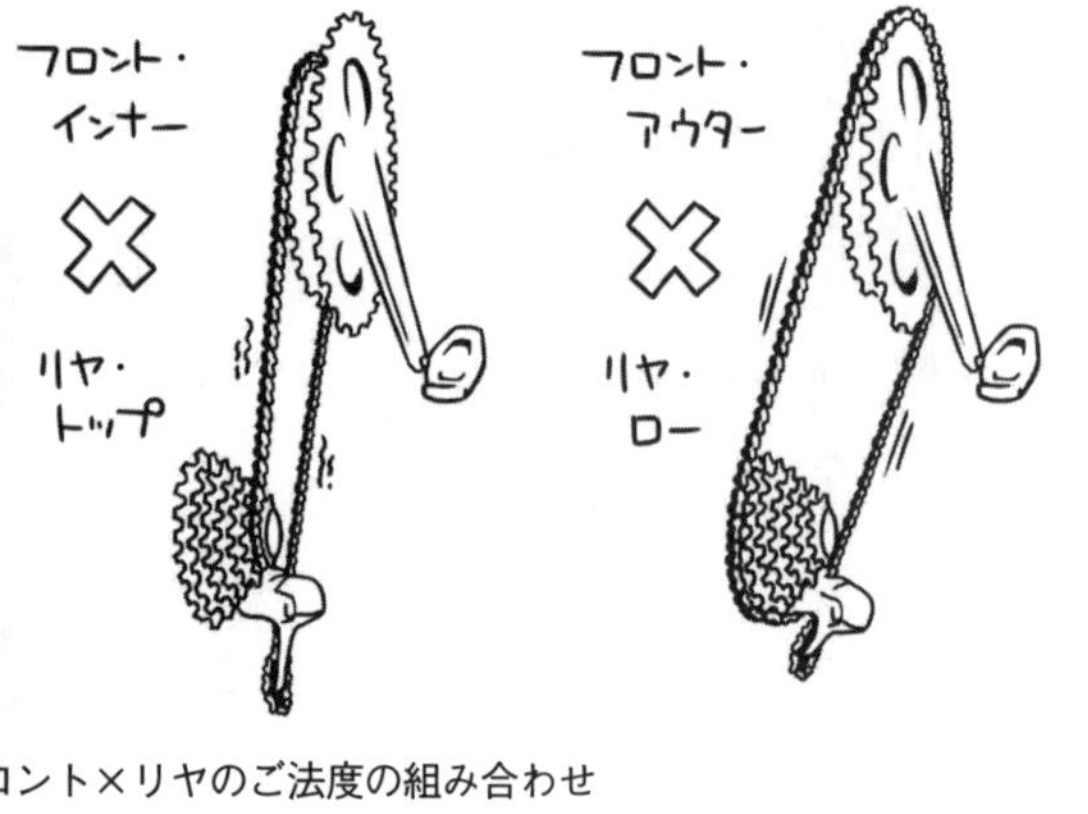

フロント×リヤのご法度の組み合わせ

フロントは単独でシフトしない

あなたがフロント・アウターで、気分よく走ってきたとします。勾配がだんだん急になってきて、後ろのギアをだんだん軽めにシフト。いちばん軽いところまでシフトして、もうこれ以上ギアは軽くならない。となれば、フロント・ギアをインナーにシフトしますよね。

このとき、後ろのギアがそのままだとどうなります？

フロント・インナー×リヤ・ローで、最も軽いギアポジションになってしまい、フロントをシフトした瞬間、チョー軽いギアに。あなたの脚はついて行かずに空まわりするでしょう。自動車のエンジンなら、回転数が跳ね上がる「オーバー・レブ」状態。唐突にエンジンブレーキが利いて、エンジンだのクラッチだのをぶっ壊すところです。

サイクリストにとっても、負荷や回転数の激変は、故障の原因となります。では、どうするか？　モータースポーツの世界では、こうしたシフトダウンの際に、エンジンの回転数を車速に同調させる「ヒールアンドトゥ＆ダブルクラッチ」というテクニックを使います。ロードバイクの世界でこれに当たるのが、「ダブルシフト」。

左手のシフトでフロントをインナーに入れて軽くする直前に、右手のシフトを連打して2～3段ギアを重くします（カンパの場合は一気にシフトします）。

逆に、フロントを重くするときは、直前に右手のシフトを内側にギュッと押し込んで、リヤを2～3段軽くします。すると、クランクの回転数が激変することなく、スムーズにペダリングできます。

「フロントを変速するときは単独シフトせず、ほぼ同時にリヤを逆方向に2～3段シフト」がポイント。

なぜリヤを先にシフトするかというと、チェーンの張力を一定に保つ方向でシフトすることになるので、チェーンが外れにくいからです。

Column 6

ロードバイクはもはや通年スポーツ

ロードバイク用ウエアの機能は近年、飛躍的に向上しています。とくに大切なのがアンダーウエアです。

ポイントは「吸汗速乾性」。夏も冬もウエアの敵は「汗」です。ロードバイクをこいでいると、大量の汗をかきます。夏場はベトつき、冬場は汗が外気によって冷やされてカラダが冷える原因になります。

20年くらい前は、比較的暖かい関東地方でも冬場は寒くてロードバイクに乗るのがつらかった……。それは、ウエアの吸汗速乾性が発達していなかったから。保温性と吸汗速乾性がともに良くなった近年では、アウターの下に着るのは高機能の冬用アンダー1枚で大丈夫です。

最近の高性能アンダーウエアは汗や湿気を瞬時に蒸発させるので、カラダをドライで快適な状態に保ってくれます。「ジャケットとアンダーの2枚だけだと寒くないの?」と心配されるかもしれませんが、温度調整はウインドブレーカーとネックウォーマーでします。家を出たら、乗り始めだけウインドブレーカーを羽織り、カラダが温まったら脱げばちょうどいい。

こと関東以西においてロードバイクは、もはや通年スポーツとなっています。実際、私たちが毎週日曜日の朝8時から行っている初心者向けの練習会「サンデーライド」の参加者数は、夏も冬もほとんど変わりありません。

第8章

ロングライドの完走メソッド

できないことを消していこう

ここで、これまで紹介したエッセンスを整理してみましょう。

- **「申し訳ございませんから腕ダラ～ン」の姿勢で前輪過重にしない**
- **サドルに体重を載せる**
- **かかとが下がらないようにする**
- **ヒザから下は「まるで棒」の意識でペダルをこぐ**
- **ハムストリングス（裏もも）を発動して引き足を使う**

こうしたポイントを反芻《はんすう》しつつ、自分のカラダと対話しながら走っていると、自然とスピードも走行距離も伸びてくると思います。

ここから先は、できないことを消していく作業です。走っているときに出てくる「アソコが痛い」「ここが痛い」「もうヘロヘロだぁ～」という課題を1つひとつ解消していきましょう。

第2章で触れましたが、私は44歳のとき、お店のある埼玉県志木市から葛西臨界公園までの往復約85㎞をマウンテンバイクで走りました。フラットペダルにスニーカーで走ったところ、ペダルのギザギザが足裏に食い込んで、あまりの苦しみに悶絶しましたが、同時に手にも尻にも激痛が走りました。

実はこのカラダが車体と接するペダル、サドル、ハンドルの部分は、痛みの発生源。そして、3つの接点はポジションの3要素と重なります。

痛みや疲れなど、長距離を走るときに発生する問題点は、「スキル」で解決することと「道具」で解決することに分けて考えるのがポイント。頭を使って筋肉を発動させたうえで、必要な場合は財布の力を発揮させる、そんなアプローチになります。

ソックスが意外に大事

ロードバイクとの3つの接点に対して、あなたが身につけるのは、「ペダル＝シューズ」「サドル＝レーパン（レーサーパンツ）」「ハンドル＝グローブ」ですね。で、意外に軽視されているのがシューズの内側、ソックスです。

ジャージ、レーパン、グローブ、ソックスと、すべてを好みのロードバイク専門ブランドで統一しているサイクリストも少なくありませんが、なかには普段と同じソックスを履く人もいます。これが結構大きな差になるんです。

ロードバイク用のソックスは、メーカーによっていろいろな特徴があるわけですが、たとえば「コンプレッション系」と呼ばれるソックスでは、土踏まずを的確に締めつけるので、履くだけで足の裏がシェイプアップされた感覚があります。シューズがワンランク高級になったようにも思えるもの。

足裏の筋肉が締めつけられると、それがふくらはぎに伝わり、太ももにつながり、股関節を介して背骨までピシッと伸びるように感じます。ソックスで筋肉が協働する感覚が得られるわけです。

自動車やバイクのエンジンには、ガソリンの爆発で得たピストンの往復運動を、クランクシャフトに伝える「コンロッド」という部品があります。両端は「メタル」と呼ばれる軸受けの部品で接していて、普通は目にすることも聞いたこともないような地味な部品ですが、効率の良い滑らかなピストン運動のためには、これが非常に重要です。破損するとエンジンはパー、ですから。

ソックスは、まさにこのメタルのような役割を果たします。尻や太ももの筋肉が生み出したパワーをペダルを通じてクランクに伝える。その接触ポイントで重要な役割を果たすのが、ソックスということです。

「走り志向」がコンプレッション系なら、快適なサイクリングのための「ラグジュアリー志向」のソックスもあります。いろいろな素材を配置して編み込んだソックスがあり、土踏まずから発散される湿気を、あたかも煙突から煙が出るかのように排出してくれる機能があります。寒い冬場であっても、シューズ内で足から汗が出ると、それが冷たくなってシビれてきますから、その対策としてなかなかの優れものです。

ソックスは、ウエアとして目立たないので適当に間に合わせてしまいがちですが、まさに〝いぶし銀〟のように実力を秘めた縁の下の力持ち。ソックスに気を遣っていると、見る人が見れば「わかってるな」と一目置かれるはずです。

ビギナーこそ高いレーパンをはこう

サイクリストは、次の2つに分かれます。レーパンをはく人とはかない人です。クロスバイクを含めれば、おそらくレーパンをはかない人のほうが多いでしょう。でもロードバイクの場合、その性能を引き出すためには必須です。

レーパンは下着なしではきます。下半身密着で男性の股間はモッコリ。見た目もはき心地も独特なので、心理的にハードルがあるのも事実。私も、最初はレーパンをはくのがイヤでした。普通の目で見たらずいぶんとヘンなかっこうで、本当に恥ずかしかった……。

でも、一度試してみると〝天国のはき心地〟でした。ロードバイクの細くて硬めのサドルに長時間乗ると、尻が痛くなることがありますが、レーパンではパッドがサドルとの間でクッションになるので、痛みから解放されます。

「レーパンをはいているのに痛い」という場合は、フォームに問題があるか、サドルと尻との相性が悪いかのどちらかですから、痛みの原因が絞り込めます。

レーパンはぴったりとフィットするのでペダリングがスムーズになり、空気抵抗も抑えられて、軽やかに走れます。ペダリングのぎこちない初心者を救うのが、レーパンです。「道具で解決できること」の典型例ですね。カジュアルな街着でも、乗って乗れないことはないですが、快適なスピードで何時間も走ることはできません。

さて、このレーパンにも2種類ありまして、ウエストまでの長さのハーフタイプと、サスペンダーのような肩ひもがついた形状の「ビブショーツ」です。ロングライドを想定するなら、ビブショーツが圧倒的にお勧めです。

ウエストをゴムで締めつけないので呼吸しやすく、長く乗っても疲れにくい。ハーフタイプはだんだん下がってくることもあるので、よろしくないです。

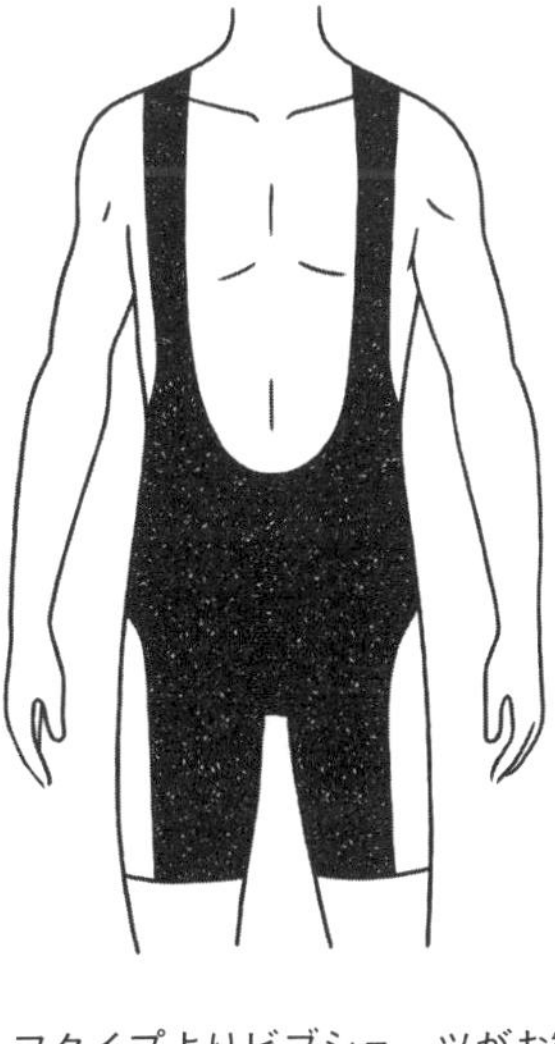

ハーフタイプよりビブショーツがお勧め

レーパンの選び方は簡単、可能な範囲で高価なものを買いましょう。3つの接点にあたるソックスもグローブも、そりゃ高機能のものを買えればベストですが、それが無理な場合でもレーパンだけは機能差が影響しやすいので、高価＝高機能のものを買ったほうが絶対にいい。

お勧めは、何といってもサイクルウエアの最高峰「アソス」。たとえば、「FI・13 S5 ビブショーツ」は3万円近くしますが、パッドがすごく良くて、しかも丈夫で長くはけますから結局はコストパフォーマンスが高いと思います。

アソスは最高の機能・性能と価格で、サイクルウエア界のロールスロイスと称される存在ですが、ビギナーにこそお勧めします。

手の痛みは道具で解決できない

3つの接点で、足、尻と来たら最後は「手」ですが、手の痛みはどんなグローブを買っても解消できません。

これは自転車屋の責任においてポジションがしっかりと出ていれば、「スキルで解決すべきこと」の代表格でして、あとはフォームの問題となります。

ハンドルに体重を預けた前輪過重を解消するため、第6章で紹介した「申し訳ございませんから腕ダラ～ン」までのレッスンを実践してください。

「長距離を無理なく走れるかどうか」のスキルには、ペダリングも大きく関係します。ペダルをこぐときは、かかとが下がらないように意識しながら足の重みで下がったペダルを、ハムストリングスを使った引き足で引き上げて、全体としてクルクルと滑らかにまわしましょう。

ハムストリングスから腰の奥にある腸腰筋、そして脇の下の筋肉と、下半身から上半身へとだんだん上のほうの筋肉を動かしていく意識を持ちます。

よく自転車専門誌などに「長時間使えるハムストリングスやインナーマッスルを発動させる」などと書いてあります。長距離を走るには身につけておきたい大事なスキルです。

自分のカラダと対話しながら30㎞、40㎞、50㎞と走っているうちに、快適なスピードを出せて疲れない乗り方が身についてくるはずですが、どこかが痛くなったり疲れてヘロヘロになったりする場合、不自然なフォームやペダリングが原因になっている可能性が高いです。

ポイントはこまめな水分補給

ロードバイクに乗るときは、ボトルに水やスポーツドリンクを入れて携行しているかと思います。

水分と疲労には大きな関係があり、「のどが渇く前に飲む」のが基本です。のどが渇いたときには、すでに軽い脱水症状の状態にあるので、コンビニや自販機を当てにするのはやめておいたほうが無難です。

ロードバイクは激しく発汗するスポーツです。走行中は風によって汗がどんどん気化して体温の上昇は抑えられています。ところが、体内の水分量が少なくなると、体温調節がうまく行かなくなって、熱中症の危険も出てきます。体内温度（直腸温）が

39度に近づくとヘロヘロに疲労困憊するのだそうです。こまめに水分補給すると体内温度が上がらずにすみ、疲れないというわけです。

水分が不足すると、血液がドロドロになり、体液の循環も悪くなって、酸素やエネルギー源となる糖質の循環も悪化します。二酸化炭素や老廃物も排出されにくくなるので、発汗によって失われる水分量をきちんと補ってやらなければいけません。

そのためのポイントはこまめな水分補給、ということに尽きます。病院の「点滴」をイメージしながら、天候にもよりますが5~10分おきにチョビチョビと飲みます。

のどが渇いてから、一杯目のビールのようにグビグビと飲むのはダメ。胃のなかでタポタポするだけで、すでに軽い脱水症状になっているカラダには、ごく一部しか吸収されません。口のなかを湿らせるように少しずつ飲みましょう。

スポーツドリンクには、発汗で失われるミネラルやエネルギーとなる糖分が含まれています。ペットボトルで市販されている濃度だと、けっこう甘みが濃く感じられるので、水で薄めておいたほうが飲みやすくなります。

真夏は、ボトルを2本携行します。1本をスポーツドリンク、もう1本を水にしておくと、暑いときは頭やカラダに水をかけることも可能。真水をカラダにかけることは、大切なポイントです。

補給食でハンガーノックを防ぐ

ロングライドでは、タイヤレバー、チューブ、携帯ポンプ、携帯工具とともに補給食も必携です。

ロードバイクで100㎞走るには、約5000㎉のエネルギーが必要です。これに対して、一般の人がグリコーゲンとしてカラダに蓄えている糖質は1600㎉前後しかありません。ですから外部からの補給なしでは、4時間や5時間も走るようなロングライドは継続できません。

補給食なしに、運動を続けてしまうと体内の糖質を消費してしまってガス欠になります。これが「ハンガーノック」という状態です。ハンガーノックになると、カラダにまったく力が入らなくなります。もちろん自転車もこげません。

手足がしびれたり、フラフラしてカラダが冷えてきたりもする、恐ろしい体験をしなければならなくなります。

大至急、糖質を補給しなければならないのですが、一度ハンガーノックを起こしてしまうと、食べたものが消化されて血糖値が上がるまで1時間くらいは動けません。自動車もガス欠になる前にガソリンスタンドに行きますよね。いったんガス欠になったらJAFを呼んで、到着するまでしばらく動けなくなる。これと同じことです。

この恐ろしいハンガーノックを未然に防ぐため、糖質を豊富に含むあんパン、ビスケット、羊かん、飴玉、エナジージェルなどを摂ることが大切です。

そもそも糖質は脳の主要なエネルギー源なので、足りなくなると集中力を欠いたり、筋肉に指令を出す機能が低下したりもします。

カラダは大切な脳へ優先してエネルギーを供給するので、糖質がさらに欠乏すると筋肉が動かせなくなってしまいます。

いずれにせよ、ロングライドでは糖質の補給をお忘れなく。

鼻呼吸で走れるペースを目安に

初めてのロングライドだと、「途中でバテないだろうか」「ちゃんと帰ってこられるだろうか」と不安になるものです。なんであっても未体験のことにチャレンジするときは、緊張感もあって疲労度も増します。

備えあれば憂いなし。十分な水分と補給食を携行し、休憩の回数を多めにとって、オーバースピードに注意すれば、思ったよりも大丈夫なものです。

初心者にありがちなのは、先行きの距離の長さに圧倒されて、つい頑張り過ぎてしまうこと。重いギアをガンガン踏んだりして、無駄なエネルギーを使わないように注意しましょう。

ペースの目安は、「鼻呼吸で走れるスピード」、あるいは「口をちょっと開くけれど、無理なく走れるスピード」。このくらいが有酸素運動の領域です。心拍計をつけているなら、最大心拍数の60～70％にあたります。

前述のようにカラダの主なエネルギー源は、脂質と糖質。ロングライドのような低強度・長時間の有酸素運動では脂肪が主なエネルギー源となります。一方、スプリントのように高強度・短時間の無酸素運動のときは糖質が主なエネルギー源となります。ちなみにスプリントでもがくと、筋肉内の乳酸が増えるので脚がパンパンになりますよね。以前、乳酸は「疲労物質」といわれましたが、乳酸はリサイクルされて細胞内のミトコンドリアという細胞小器官でエネルギー源になります。

ですから、もがいて脚がパンパンになっても、ペダリングを止めず、軽いギアでクルクルまわすことで、乳酸を代謝してやると疲労回復が早まります。

ロングライドでは、乳酸で脚がパンパンになるような強い負荷はかけないようにこぎます。あくまでも鼻呼吸で走れるペースを目安に、適度な有酸素運動の範囲で走ります。

パワーメーターで出力を一定にキープ

長い距離を走ると、登り坂もあるし向かい風も吹きますから、多少はハアハアと息が荒くなる場面もあるでしょうが、ギアを軽くしてスピードも少し落として、呼吸のペースを保つようにしましょう。

基本的にこの有酸素運動で走って、水分と糖質を補給していれば、80㎞、100㎞と無理なく距離を延ばしていけます。

私が走行会の仲間とロングライドに出かけるときは、私が先頭を走って、その後ろをいちばん経験の浅い人に走ってもらいます。

私の愛車にはパワーメーター（出力をワット数で表示できるメーター）をつけていますから、後ろを走る姿をチェックしながら、「このくらいのワット数ならついてこられるんだな」と調整しながら、経験の浅い人に合わせて全体のペースをつくります。上り坂や向かい風になると当然、スピードは下がりますが、出力（ワット数）を一定にしてペースを維持するという考え方です。

ちなみにワット数は、「走行でどのくらいエネルギーを使っているかの度合い（＝パワー）」を表しています。勾配や風向きで変化するスピードとは違って、パワーメーターのワット数はその人が発生している出力を数値化したものなので、体力に合わせたペースづくりをしやすいのです。

心拍数やケイデンスを測れるメーターは、2万円前後からありますが、パワーメーターとなると最安で10万円コース。でも、リアルタイムで自分の発生しているパワーがわかって、効果的にトレーニングできるので、「レースに出よう」と思っている人は欲しくなるんです。とはいえ、これはパワーメーターの使い方のごく一部であり、きちんと使いこなさなければ〝単なる高価なメーター〟になりかねないのでご注意を。

ロングライドの3つのステップ

初心者はロングライドに3つのステップでトライしましょう。

ステップ1は、30〜40分（10〜15km くらい）走ったら10分休憩。これを3〜4回繰り返すと40〜50kmになりますね。それなりに達成感のある距離です。

いきなり40〜50km走るのは自信がないというご同輩は、週末に20〜30km先まで、途中1回休憩してちょっとランチに行ってみるのもいいかもしれません。そうすることで楽しみながらロングライドの自信がついてきます。

ステップ2は、休憩まで30～40分走っていたところを45分、50分とちょっとずつ時間を延ばします。週末ごとにこんな感じで距離を延ばすと、ロングライドの精神的なハードルもずいぶん下がってくるはずです。

最終のステップ3は、1時間走って10分休憩を4～5回ほど繰り返して、100㎞ライド。ちょっとつらくなったら巡行速度を少し下げると、ぐんとラクになります。

「空気抵抗は速度の2乗に比例」と前述しましたが、「走行に必要なパワーは速度の3乗に比例」します。つまり時速30㎞から時速27㎞に落とすと、必要なパワーは27・1%も少なくなるのです。ご同輩の皆さんは分別のあるオトナですから、根性論で無理して体調を崩したり、故障したりせず、段階的に距離を延ばしていきましょう。

こうしたロングライドのステップを、最初から自分一人だけでたどるのは、修行僧のようなストイックさが必要です。一人で走るのが好きな人はそれでいいのですが、仲間と一緒に走るのもいいもの。励ましあいながら走れますし、お互いに少し頑張るわけです。みんなと一緒の安心感もありますし、長い距離でもはるかに快適に走れてしまうものです。

4～5時間かけて100㎞走るとかなりの達成感を得られます。ロードバイクに乗ったから味わえるこの達成感。アナタ様は、ロードバイクを一生の趣味とすることを心に誓うことでありましょう。

160㎞くらい走って帰宅、バイクを磨き、シャワーを浴びる。そしてビールを飲み……スーッと意識が飛ぶ瞬間、私は好きです。

走行前にはウォームアップ

いきなり自転車にまたがってガーッと長距離を走っても若いころなら、「久々にカラダを動かしたから、ちょっとカラダが痛むぜ」くらいで平気だったものが、40代ともなるとカラダには入念なケアが必要になってきます。

要するにウォームアップとクールダウン、そしてストレッチでのケアですね。

ウォームアップとは、文字通り「カラダを温めること」。自動車でいえば「暖機運転」ってやつです。近ごろの自動車は、「エンジンを始動したらいきなり走り出しても大丈夫、そのほうがエコだし」なんていわれたりしますが、そうはいっても最初から高回転走行をブチかますのはエンジンを傷めるもと。いくら自動車が高品質になったとしても、「走り出しはゆっくりと」が基本です。

人間もこれと同じです。自宅を出走して10～15分くらいは、フロントをインナーに入れて軽いギアをクルクルまわし、関節や筋肉、靱帯などに負荷をかけることなくカラダを徐々に温めます。こうした出走直後のウォームアップをしっかりすれば、私は走行前のストレッチなんかやらなくていいと思います。

サドルに腰かけてクランクをまわすロードバイクは、ランニングなんかと違って地面から受けるヒザや腰への衝撃が極端に少ないスポーツだからです。

むしろ、ウォームアップで筋肉をじっくり伸ばすストレッチはやっちゃいけないそうなんです。実はこれ、スポーツの世界ではもはや常識で、カラダが温まっていない状態で無理に筋肉を伸ばそうとすると、筋肉の線維が傷ついてケガの原因になるそうなのです。また、運動前に関節や靱帯を柔らかくすると、運動のパフォーマンスが落ちることも明らかになっています。

ということで、走り始めは軽いギアでクランクをクルクルまわして、カラダを温めてやりましょう。本来のウォームアップの効果を得られます。

走行後はクールダウン&ストレッチ

これまた自動車のたとえで恐縮ですが、ターボチャージャーが赤熱するほど全開かまして走って、止まるやいなやエンジンをストップ、なんてことはしません。回転軸や可動部分が焼きついてしまうので、しばらくアイドリングしてクールダウンします。

人間もロードバイクで高負荷・高速走行をしたあとすぐにストップすると、筋肉から乳酸が除去されないままになってしまうので筋肉痛の原因になります。

これを避けるには、フロントをインナーに入れた軽〜いギアで10〜15分程度流します（乗車直後のウォームアップと同じことです）。

軽い負荷でペダリングすることで筋肉にたまった乳酸がエネルギー源としてリサイ

クルされて燃えてくれます。

数時間走ってきて、自宅まで10〜15分の距離から、軽〜く流して風を感じるなんてのは、素晴らしく気持ちがいいものです。ウォームアップに比べると、クールダウンは軽視されがちですが、ご同輩のカラダには欠かせません。

ストレッチは、休憩中やクールダウンのあとにします。上半身の筋肉は姿勢のキープに力を発揮しているのでこりやすいです。ストレッチしてほぐすと、血行がよくなるので疲労回復効果があります。

ストレッチはカラダが温まってからが大原則。準備運動やウォームアップの代わりにしてはいけません。「運動中は水を飲むな!」というのに匹敵する大いなる誤解だったわけですね。

もう1つ、大きな誤解といえば、転倒などで擦り傷を負ったときは、消毒薬はご法度ということ。消毒薬は滅菌しますが、その際、皮膚を再生しようとする細胞も殺してしまうそうです。

小さな傷なら水で洗い流して絆創膏を貼っておけばいいですし、より広範囲の傷を負った場合ならば、水で洗い流してサランラップを巻いて乾かさないようにするといいですよ。

傷の程度やケガをした状況によっては、医師の診察を受けることも必要です。

サイクリスト向け　お勧めストレッチ

アーム・プル

腕を横に伸ばし、もう一方の腕で抱え込みます。

抱え込んだ腕を手前に引きます。

エルボー・プル

両腕を上げて頭の後ろでヒジをつかみます。

頭を下げないよう気をつけて、ヒジを下に押します。

チェスト・プル

お尻のあたりで両手を組みます。

肩を後ろに引き、肩甲骨を中央に引き寄せます。

反動をつけず心地いい痛みを感じるくらいに、息を吐きながらゆっくりと伸ばしましょう。伸ばした状態を30秒ほどキープします。その際、伸ばしている部位を意識することで効果アップ！

ニー・ストラドル

両脚を開いて座り、ヒザを曲げて両足の裏を合わせます。

両ヒザを地面に近づけます。

背中から腰にかけてのストレッチ

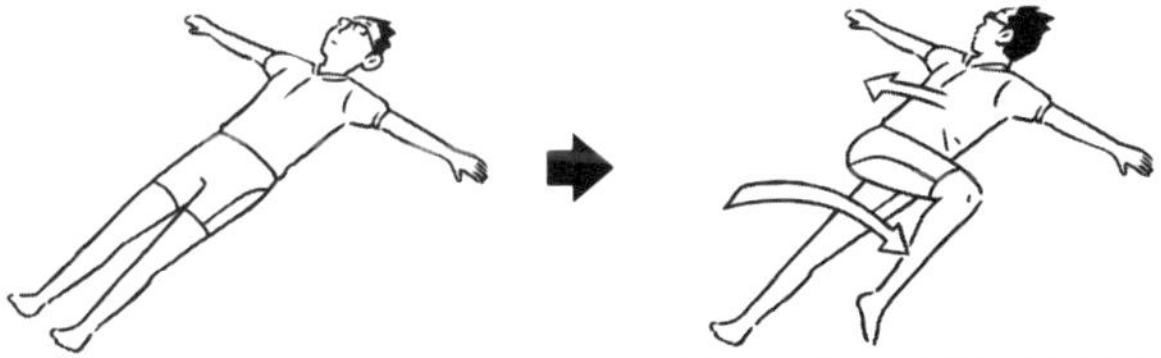

両手を広げて仰向けになります。

片脚をもう一方の脚にクロス、カラダは逆向きにねじります。

クアドリセプス

うつ伏せになって片脚を曲げ、足首を持ちます。

息を吐きながら、かかとをお尻へとゆっくり近づける。

終章

幸せなロードバイク・ライフ

バラ組みは「理想の愛人」

愛車との充実した日々を過ごすうち、ふと「仲間のあいつが乗っているバイク、ずいぶん高いらしいけれどどんなに違うんだろう」「もっと軽いバイクなら、坂道を軽々と上れるんじゃないか」なんて考えるようになります。

週末を待ち焦がれるようにしてロードバイクに乗り、もっと遠くへ行きたい、もっと速く走りたいという願望が湧いてくると、ロードバイク専門誌や数多《あまた》あるロードバイク関連本を購入したりして、いろいろな機材を模索し始めるわけですね。

ロードバイクは、スキーやゴルフと同じ機材スポーツですから、「機材を愛《め》でる」という楽しみ方があるわけです。

完成車では飽き足らなくなり、高級なフレームに高い精度のパーツを組み合わせた「バラ組み」でオリジナルマシンをつくる。「あのフレームに、このコンポ、ホイールは……」と夢想するのが楽しくてたまらなくなる。物欲をそそられる甘美な世界なのです。まさに〝魔性の領域〟です。

たとえば「より軽量な機材」という誘惑があります。「ヒルクライムでタイムを縮めたい！」となれば有効な方法ですし、サイクリストが一度はとりつかれる誘惑です。プロレースの場合、自転車の重量が６・８kg以上でなければならないというＵＣＩ（国際自転車競技連合）の規定がありますが、アマチュアには関係のないことです。その気になれば、これを下まわる超軽量バイクをつくることも夢ではありません。

より軽く、より剛性があってグレードの高い機材に思い焦がれ、四苦八苦して手に入れる。自転車屋の私がいうのもなんですが、こうしたパーツはロードバイクに興味のない人にとっては、理解できない値段だったりします。

バラ組みのロードバイクは、いわば「理想の愛人」です。フレームから組み上げたバラ組みのロードバイクは、醸し出す雰囲気が違います。ロードバイクについて、まったく予備知識のない奥さん方が見ても「何か違う」とわかるみたいです。そのくらいバラ組みと完成車のあいだには、一線を画す境目があるんですね。

甘美なバラ組みの世界に足を踏み入れて、一人、また一人と、愛すべき「自転車おバカ」になっていくんです。もちろん、私自身もその一人であります。

「自分の領域」にピタッとはまるか？

ロードバイクは完成車で10万円前後のエントリーモデルから、フレームだけで50万〜60万円、組み上げて軽く１００万円以上するハイエンドモデルまで、激しい価格差があります。

それだけ差がつく理由は、フレームの素材やコンポ、ホイールのグレードなどいろいろですが、「実際に走って機材の差でどれだけ違いがあるの？」というシンプルにして当然の疑問が湧いてきますよね。

その違いとは「１００㎞走ったとき、ニコッとしていられるかどうか」だと思います。要するに「気持ちよさ」という数字にならない部分が、機材の差による「性能」と呼んでいることの本質です。

重量なら、たとえば「６・８kg」と数字として表れますから、「軽い＝高性能」で納得しやすいのですが、本質的には「気持ちいい＝高性能」といっていいでしょう。

ただし、高価＝気持ちいいとは限りません。忘れてはいけないのが、「機材は自分の領域にピタッとはまると気持ちいい」ということです。

フレームの場合、その違いが丸一日乗ったときにはっきりとわかります。

第4章でも述べましたが、私が以前乗っていた2004年モデルのピナレロ「ドグマ」（フレーム価格57万円）は、「自動車でいうところのF1」に相当するハイエンドの機材でした。それだけに、気持ちがいい速度域は時速40㎞以上。ヨーロッパのプロ選手にとってはピタッとはまる領域なのでしょうが、私にとっては、完全にオーバースペック。「気持ちいい」とはいえませんでした。

その後、私はルック「555」（フレーム価格23万円）に乗り継ぎましたが、この機材の80％以上は、私の領域にピタッとはまりました。

555はロングライド志向のフレームで、長時間乗っても無理なく同じフォームを維持できる。ルックのフレームは、どれも乗り心地がよくて、レースだけでなくロングライドにもうってつけです。

このあたりはメーカーの考え方が反映されていて、カーボン繊維の強度や配置の仕方などによってフレームの性格を出しています。レース用なのに長時間乗って快適なルックのような機材があれば、レースの際、「走るぞ！」と、すごくやる気にさせてくれるコルナゴ「ＣＸ‐１」（いまの私の愛車）のような機材もあります。

電動変速システムは女性の味方だが

「ストレスフリー」を目指すシマノの、現在のハイエンドコンポが電動変速システム「Ｄｉ２」です。２００９年に最上位グレードの「デュラエース」に導入され、２０１１年からは２番目のグレードである「アルテグラ」にも導入されました。

これまでのようにシフトレバーをグッと押しこんでシフトするのではなく、スイッチを押すだけですから、まさに究極のストレスフリーです。

とくにフロントギアのシフティングは従来、グイッとレバーを押さなくてはいけなかったのが、電動になったことでとにかく軽く、確実に変速できてトリム調整も不要。ゼロコンマで競うレースで活躍するだけではなく、ボタン１つでシフトできるので握力が弱い女性の味方にもなります。

そのシマノに負けてはならじと、カンパが投入した電動変速システムが「ＥＰＳ」。電動でもしっかりしたクリック感があるところは、上級グレードほど操作感が硬いカンパらしいところです。押しっぱなしにすると一気に変速するところも、カンパの伝統を引き継いでいます。また、「どのくらい押しっぱなしにするか」のタイミングが絶妙で、カンパならではの操作感です。

ただし値段が高い。「スーパーレコードＥＰＳ」はフルセットで58万円です！　いくらなんでも高すぎる。シマノ「デュラエースＤｉ２」が30万円、「アルテグラＤｉ２」が16万円ですから、際だって高価です。

ケーブル類はフレーム内を通す関係上、ＥＰＳに適合する専用フレームでなくては保証の対象外。ずいぶんと敷居の高いコンポです。

硬派な操作感を愛し、自他ともに認めるカンパ派の私ではありますが、このＥＰＳに関しては懐疑的です。なんたってカンパは工芸品ですし、趣味の道具ですから、機能とコストパフォーマンスだけでは語れないのですが……。

スキルは3本ローラーで磨く

機材を愛でる楽しみや、所有する喜びだけでなく、もちろん「走り」そのものにも奥深い楽しみがあります。

ロードバイクの世界にどっぷりとハマり込んでしまったサイクリストが、欲しくなるものが「トレーナー」です。梅雨の時期や雪が降る日でも、室内でロードバイクにまたがってトレーニングできますから。

トレーナーは大きく分けて、「固定ローラー」と「3本ローラー」があります。

「固定ローラー」は、その名の通りバイクが固定されるので、だれでもすぐ使えます。回転を重くして高負荷も可能。心肺機能を鍛えるのに向いています。

「3本ローラー」は支えがまったくないので、自分でバランスをとりながら乗らなくてはいけません。乗れるようになるまで多少の慣れが必要ですが、実走している感覚に近く、ペダリングの技術やバランス感覚の向上に向いています。

3本ローラーはハンドル過重（前輪過重）になると、すぐにふらついてしまいますから、これで練習すると路上に出たときすごくバランスが良くなっているのが実感できるはずです。

　また、前後輪が回転することによる「ジャイロ効果」で安定するので、時速20〜30㎞くらいを保つようにペダリングするのですが、ムラがあるとふらつくので、滑らかなペダリングも身につきます。

　つねにバランスをとっていなくてはいけないので、飽きないのも3本ローラーのメリット。私は固定ローラーだと15分くらいが限界ですが、3本ローラーは前輪が回転する感触があって、バランスが変われば即座に左右に揺れますから、飽きてなんかい

3本ローラーは中高年サイクリストの強い味方

られません。1時間くらいは、すぐに経ってしまいます。

体力よりもペダリングの技術やバランス感覚を身につけて、カッコよく乗りたい中高年の強い味方が、3本ローラーなのです。

ただし、3本ローラーは固定ローラーより使用時の音が大きい傾向があるので、アパートなどの共同住宅だと厳しいかも。使用する環境に配慮が必要です。

いずれレースに出たくなる

ロードバイクにはまり、どんどん走り込んでいくうちに、だれしも自分の実力を測りたくなります。まして3本ローラーでスキルを磨くようになると、「はたして自分はどのくらい走れるのだろう」と、思うようになるものです。

これはオスの性《さが》でして、レースなどのスポーツイベントに参加するモチベーションの根源がここにあります。

「今日は100km走ったぞ！」「時速45km出せた！」という個人的な達成感も励みにな

りますが、レースに参加して「参加者1000人中300位」などというオフィシャルな記録を得られることは、とても励みになるし、病みつきになるわけです。

この喜びを手っとり早く味わえるのが「ヒルクライム」。山や峠など上り坂に設定されたコースでタイムを競うレースで、非常に安全な競技です。上り坂をひたすら上るのでスピードが出ませんし、仮に転倒してもたいていかすり傷程度で済みます。

ひたすら続く登坂コースを上りきった達成感はひとしお。そんなこんなで、ヒルクライムは非常に人気があり、「全日本マウンテンサイクリング.in乗鞍」「ツール・ド・草津」などは、軽く3000人を超える規模で毎年大盛況です。

サーキットなどの周回路をチームで交代しながら走って、規定時間内の周回数を競う耐久レース「エンデューロ」もあります。こちらは平地や下りのあるコースもあり、落車の危険もありますから緊迫感があります。きちんと集団走行の練習をして、マナーを覚える必要があります。

最初に出るレースとしてふさわしいのは、関東地方の場合、「筑波8時間耐久レース」でしょう。5人で交代しながら8時間走ります。

ポイントは交代回数が規則で決められていること。15回交代しないと失格になります。単純計算で1走30分程度。残りの時間は仲間の応援になりますから、自然と一体感が生まれます。仲間5人との記録なので、感動も大きいですね。

私たちの仲間の間では、一度参加するとリピート率が80％ぐらい。「参加してみてよかった！」とか「楽しかった！」という人がとても多いです。いい年した大人が、同じところをクルクルまわってこれだけ喜べるのです。

中高年もＪＣＲＣデビューできる

個人が競うロードレースに40代、50代でデビューできるのが「ＪＣＲＣ（日本サイクルレーシングクラブ協会）」のレースです。

野球の世界にたとえると、筑波8時間耐久レースが草野球、実業団レースがプロ野球とするなら、ＪＣＲＣは社会人の都市対抗野球という感じです。

ＪＣＲＣに参加するには、どこかのクラブに入って選手登録します。「そんなの敷居が高過ぎる」と尻込みする人もいるでしょうが、ご安心ください。JCRCは、脚力によりクラス分けされているので、自分と同じくらいの脚力のサイクリストたちと勝負するのです。

具体的には、「S、A、B、C、D、E、F」とクラス分けされています。初参加の人は基本的に「X」というお試しクラスに出場して、その結果から次戦のクラスが決まります。ただし、自分の脚力に自信のある人は、Cクラス以上からの初出場も可能となっています。

また、50歳以上限定の「O」、60歳以上限定の「G」というクラスも設けられています。オジサンのO、ジイサンのGですね……。

6年前のことですが、私の場合、初参加のXクラスで6位になり、Dクラスの認定となりました。Dクラスへの初参戦では6周30㎞のコースでしたが、最周回までは頑張ったのですが、ゴールスプリントでの余力が残っておらず、約40人にゴボウ抜きされて結局、ビリから3人目という惨敗を喫しました。もっときちんと計画的に練習を積んで、レースで揉まれて経験を重ねないとイケマセン。

負けたけれど、とっても楽しい一日。この悔しさをバネに精進しようと誓ったのでした。こうしてレースの楽しみにはまっていくわけですね。

最近では練習会の仲間たちが、女性も含めて何十人もＪＣＲＣのレースに出場しています。私も「メカニックやるよ」といって一緒に楽しんでいます。

ロードバイク仲間をつくろう

練習会の仲間に、ちょっと内気な男性がいます。同じ練習会に参加したことがきっかけである女性とおつき合いすることになり、いよいよプロポーズ寸前のところまで進んでいたそうです。

その男性が、昨年行われたあるレースで、「入賞したらプロポーズする」と宣言したのです。その甲斐あってか、見事入賞！　表彰台に立つことになりました。そこで私がレース会場で司会をしていたアナウンサーに一連の事情を伝えたところ、その場が即席のプロポーズ会場と化したのです。

突如、会場に響き渡る音声で、「○○さんは入賞したらプロポーズすることになっていたそうです！」とアナウンスされ、レースの参加者たちから「プロポーズ！ プロポーズ！」の声援がわき起こりました。

ちょっと内気な男性だけに、最初は尻ごみしていたのですが、みんなの前に引っ張り出され、思い切って彼女にプロポーズ。彼女はその場で快く受け入れてくれて、会場は拍手喝采、大歓声でした。

いろいろ書いてきましたが、私がいちばんいいたいことは、実はこれ。

「ロードバイクは仲間がいるから楽しい。仲間は最高！」ってこと。

練習会のメンバーでバーベキューをやったり、餅つき大会をやったりすると、30人も40人も集まります。それだけ、お互いに気持ちのいいつき合いができている証拠だと思います。

前述したように、練習会のメンバーがお互いに知っているのは名前くらい。その人がいわないかぎり、「どこに勤めているか」とか「どこに住んでいるか」といったプライベートのことは、あえて聞きません。

そんな利害関係のないロードバイクだけでつながる関係性が心地いいのです。だからこそ、休日の早朝から練習会に参加したり、バーベキューや餅つき大会をやったりしても大勢の人が集まる。大人になってからこんな素敵な体験をさせてもらえるのも、ロードバイクという共通項があるからです。

でもロードバイクに乗っている人なら、だれでも素晴らしい仲間と出会うチャンスがあるはず。一人で走っても楽しいけれど、だれかを誘って一緒に走ってみましょう。確実にいままでとは違った楽しさを発見できるはずです。

きちんと信号を守ってますよね？

あらためて述べるまでもないことですが、交通ルールは絶対に守りましょう。「絶対に」です。

公道を走っていると、信号無視するサイクリストが実に多いんですよ。左右を確認して自動車が来なければ渡っちゃってＯＫ、なんてことはないわけです。

信号無視する人を見かけたら、ロードバイクを愛する私としては大声で注意しますよ、愛を込めて。説教オヤジの一撃が、〝ダメダメ・サイクリスト撲滅〟の一役を担えれば、と考えるからです。

スピードが出るロードバイクは、ただでさえ歩行者からも自動車やバイクからも風当たりが強い。車道を走れば自動車やバイクから邪魔者扱いされ、危険回避で歩道を走れば歩行者から邪魔者扱い。路上で安住の地がない……。

ロードバイクはいわばレーシングカー。ロードバイクに乗るサイクリストは、自転車乗りのなかでもとくに高い見識と自制心が求められます。

交通ルールは、路上を通行するすべての人たちとアナタ様自身の安全のためにあります。遵守することで、ロードバイクも歩行者や自動車やオートバイと同じ路上の仲間、道路交通体系の一員として認められるわけです。信号や交通標識は守らなければ、仲間として認めてもらえません。

たまに見かけるのがイヤホンして走っている人、これもダメなんですね。片耳だけでも道路交通法違反になりますからNGです。そもそも、周囲のわずかな気配を察知することが、安全に直結するわけでもあります。
交通ルール、サイクリストなら絶対に守りましょうね。

おわりに

ロードバイクがどんどん楽しくなって、どんどん好きになっていくと、しばしば家庭内に摩擦が起こります。奥様から「こんな高いもの買って、バカじゃないの!」なんてことをいわれているご同輩もチラホラ……。

先日、2万数千円するデュラエースのペダルを買いに来たお客様。小学校3年生だという娘さんと一緒に来店されました。後日談ですが、買い物を終えて自宅に着くやいなや、娘さんがお母さんのところに駆け寄って、「ママ! パパね、2万円使ったんだよ!」とご報告。大変なことになりました。

「何買ったの?」

「えっ、これ……」

「これ、自転車のペダルでしょ? 2万円っ!?」

と、それはそれは怒られたそうです。

また、あるご同輩は、もっといいホイールが欲しくなって、奥さんに相談しました。

「あのさ、車輪が欲しいんだけど」

「はぁ？　ついてるじゃない、ここに。壊れてるの？」

「いや、壊れてない」

「じゃあ、なんで欲しいのよ」

壊れてもいない自転車のホイールを、なんで買い替えなくちゃならないのか？　奥様の反応は、常識的には至極まっとうです。でも、そこは懐の深い奥様。

「ま、頑張って働いているんだから仕方ないわよね。幾らするの？」

ボーラワンを買うつもりだったご同輩は、指を2本出したそうです。

「2万円もするんだぁ」

「いや、20万……」

「えぇぇ！」

驚き、怒られ、彼は激しく恐縮したそうですが、結局はお許しが出てボーラワンをゲットしました。

また別のご同輩はピナレロの「FP3」と「ドグマ」の2台を所有しているのですが、FP3は会社に置いてあって、奥様は1台しか持っていないと信じています。サイクリストたち（の一部）は、ロードバイクという愛人と実際の伴侶との二重生活を楽しみ、幸せのためときにウソもつくのであります。

観察していると、奥様に内緒で秘密を貫くか、正々堂々とすべてを開示するか、奥様にも1台買い与えて趣味を共有するか、という3つに大きく分かれるようです。「秘密を貫く派」のサイクリストは、「部品を替えたくらいじゃわからないだろう」とシマノでいうところのデュラエースの方向にだんだんグレードアップしていくのですが、目立つホイールを替えるとバレてしまうそうです。

円満な家庭あってのロードバイクです。フォーム同様、お客様の責任でお願いします。そこは、自転車屋の責任ではありません。

２０１３年５月

ワイズロード志木店　野澤伸吾

著者略歴
野澤伸吾（のざわ・しんご）
業界最大手のスポーツバイク専門店「Y's Road（ワイズロード）」志木店勤務。アラフォーでロードバイクに目覚め、さまざまな理論やノウハウを体系化。週末だけ乗る初心者からロードレースに参加するベテランやアスリートにまで、あらゆるレベルに向けたサイクリストの指南には定評がある。通称「チリ天」(天然パーマのおじさん) として愛されている。

SB新書　224

アラフォーからのロードバイク
初心者以上マニア未満の〈マル秘〉自転車講座

2013年6月25日　初版第1刷発行
2014年3月10日　初版第2刷発行

著　者：野澤伸吾《のざわしんご》

発行者：小川 淳
発行所：SBクリエイティブ株式会社
〒106-0032　東京都港区六本木2-4-5
電話：03-5549-1201（営業部）

編集協力：有限会社五反田制作所（五反田正宏）
イラスト：にぎりこぶし
装丁：ブックウォール
組版：ごぼうデザイン事務所
印刷・製本：図書印刷株式会社

落丁本、乱丁本は小社営業部にてお取り替えいたします。
定価はカバーに記載されております。本書の内容に関するご質問等は、
小社学芸書籍編集部まで書面にてご連絡いただきますようお願いいたします。

 ISBN 978-4-7973-6752-2

SB新書

212
キャリア官僚の仕事力
中野雅至
官僚界の光と影を知り尽くす著者が、一般には知られない官僚の実態と彼らの仕事力を解き明かす。単なる回顧録ではない、仕事に役立つノウハウも満載。

213
ソーシャルおじさん奮闘記
徳本昌大
パソコンは苦手だが直接話すのは得意。そんなフツーのおじさんたちが、どのように「ソーシャルおじさん」へと進化していったのか。笑いと汗と涙の奮闘記。

214
本当は誤解だらけの「日本近現代史」
八幡和郎
世界史の大きな流れから見たとき、近代日本がどのように評価されるべきなのか――日本近現代史の光と影を明らかにする。

215
心と身体を整える 岸式腹筋トレーニング
岸 陽
「自分の持つ力を最大に引き出す」「どんな時でもベストパフォーマンスが出る」「ストレスに対処できる心と身体を作る」を実現するトレーニング理論。

216
プロフェッショナルの習慣力
森本貴義
イチロー選手など一流アスリートの実例を挙げながら、揺るぎない自信を生み、潜在能力を開花させる手法「ルーティン力」を紹介する。

217
血管からがんを治す
カテーテル治療の挑戦
奥野哲治
血管内治療とは何か？ 多くのがん患者と向き合ってきた、血管内治療の第一人者による、がん治療の最前線からのレポート。

SB新書